高等数学练习与提高(一)

（第二版）

GAODENG SHUXUE LIANXI YU TIGAO

张玉洁　王军霞 主编

图书在版编目(CIP)数据

高等数学练习与提高(第二版).(一)(二)/张玉洁,王军霞主编. —2版. —武汉:中国地质大学出版社,2023.7

ISBN 978-7-5625-5612-1

Ⅰ.①高… Ⅱ.①张…②王… Ⅲ.①高等数学-高等学校-教学参考资料 Ⅳ.①O13

中国版本图书馆CIP数据核字(2023)第116739号

高等数学练习与提高(第二版)(一)(二)　　张玉洁　王军霞　主编

责任编辑:郑济飞　　责任校对:韦有福

出版发行:中国地质大学出版社(武汉市洪山区鲁磨路388号)　　邮政编码:430074

电　话:(027)67883511　　传真:67883580　　E-mail:cbb@cug.edu.cn

经　销:全国新华书店　　http://cugp.cug.edu.cn

开本:787毫米×1 092毫米 1/16　　字数:204千字　　印张:8.25

版次:2018年2月第1版　2023年7月第2版　　印次:2023年7月第1次印刷

印刷:武汉市籍缘印刷厂

ISBN 978-7-5625-5612-1　　定价:35.00元(全2册)

前　言

本书是高等教育出版社出版的《高等数学》(第七版)的配套辅助教材,可作为高等学校"高等数学""工科数学分析"课程的教学参考书。本书具有以下特色。

(1)全书分为四册,其中第一册和第二册是《高等数学》(上)(第七版)的配套教辅;第三册和第四册是《高等数学》(下)(第七版)的配套教辅。

(2)第一册和第二册的主要内容有函数、极限、连续性、导数与微分、微分中值定理与导数的应用,一元函数的不定积分、一元函数的定积分、定积分的应用;第三册和第四册的主要内容有微分方程、空间解析几何与向量代数、多元函数微分法及其应用、重积分、曲线积分和曲面积分、无穷级数。

(3)该书精选各类习题,体量适中。每分册中的每节包含知识要点、典型例题及习题三大部分。其中习题有A、B、C三类,A类为基本练习,用于巩固基础知识和基本技能;B类和C类为加深和拓宽练习。

(4)每分册附有部分习题答案,以供参考。

本书在编写出版过程中得到了中国地质大学(武汉)数学与物理学院领导及全体大学数学部老师的支持和帮助,他们分别是:李星、杨球、罗文强、田木生、肖海军、杨瑞琰、何水明、向东进、郭艳凤、余绍权、刘鲁文、李少华、肖莉、黄精华、陈兴荣、杨迪威、邹敏、黄娟、马晴霞、杨飞、李卫峰、王元媛、陈荣三、乔梅红。谨在此向他们表示衷心的感谢。

限于编者水平有限,加之编写时间仓促,书中难免有不足之处,恳请广大读者批评指正!

编　者

2023年7月

目　录

第一章　函数与极限

第一节　映射与函数

本节要求读者在理解映射概念的基础上，深刻理解函数的概念并熟练掌握函数的表示方法、函数的几种特性、反函数存在的条件及其求法以及复合函数的构成.

1. 映射与函数的联系与区别；

2. 函数的几个特性，有界函数的界是否唯一？单调性、奇偶性、周期性的判断方法；

3. 反函数的存在条件及其求法；

4. 两个甚至若干个函数能够成复合函数的条件(在以后的学习中，需要我们会将复合函数拆成若干个简单函数)；

5. 初等函数的判断方法以及几个重要的函数，特别是分段函数(分段函数是否是初等函数?).

例 1　证明函数 $y=\frac{1}{x}\sin\frac{1}{x}$ 在(0,1)内无界.

分析：要证明函数在所定义的区间上无界，只需证明对任意的 $M>0$，都存在该区间上的 x_0 使得 $|f(x_0)|>M$ 即可.

证明：对任意的 $M>0$，都存在 $x_0=\frac{1}{([M]+1)\pi+\frac{\pi}{2}}\in(0,1)$，使得 $\left|\frac{1}{x_0}\sin\frac{1}{x_0}\right|=\left|([M]+1)\pi+\frac{\pi}{2}\right|>M\pi>M$，所以函数 $y=\frac{1}{x}\sin\frac{1}{x}$ 在(0,1)内无界.

例 2 设 $f(x)=\begin{cases}1, & |x|<1\\ 0, & |x|=1\\ -1, & |x|>1\end{cases}$，$g(x)=\mathrm{e}^x$，求 $f(g(x))$，$g(f(x))$.

分析：两个函数能够成一个复合函数的条件是内层函数的值域包含于外层函数的定义域. 对于这两个函数，$f(x)$的定义域是$(-\infty,+\infty)$，值域为$\{-1,0,1\}$；$g(x)$的定义域为$(-\infty,+\infty)$，值域为$(0,+\infty)$，所以这两个复合函数 $f(g(x))$，$g(f(x))$都存在.

解：$f(g(x))=f(\mathrm{e}^x)=\begin{cases}1, & |\mathrm{e}^x|<1,\\ 0, & |\mathrm{e}^x|=1,\\ -1, & |\mathrm{e}^x|>1,\end{cases}$ 而只有当 $x<0$ 时，$|\mathrm{e}^x|<1$；当 $x=0$ 时，$|\mathrm{e}^x|=1$；当 $x>0$ 时，$|\mathrm{e}^x|>1$，所以 $f(g(x))=\begin{cases}1, & x<0,\\ 0, & x=0,\\ -1, & x>0,\end{cases}$ 同样的方法求 $g(f(x))$，

$$g(f(x))=\mathrm{e}^{f(x)}=\begin{cases}\mathrm{e}, & |x|<1,\\ 1, & |x|=1,\\ \dfrac{1}{\mathrm{e}}, & |x|>1.\end{cases}$$

例 3 设函数 $f(x)$满足 $af(x)+bf\left(\dfrac{1}{x}\right)=\dfrac{c}{x}(x\neq 0)$，其中 a,b,c 都是常数，且 $|a|\neq|b|$，试证 $f(x)$是奇函数.

分析：要判断一个函数的奇偶性，只能根据 $f(x)$与 $f(-x)$之间的关系，所以必须要知道函数的表达式，因此这道题的关键就是求函数 $f(x)$.

证明：根据题设的条件 $af(x)+bf\left(\dfrac{1}{x}\right)=\dfrac{c}{x}$，这个式子里不仅出现了 $f(x)$，而且出现了 $f\left(\dfrac{1}{x}\right)$，而 x 与$\dfrac{1}{x}$是互为倒数的关系，所以用$\dfrac{1}{x}$来代替 $af(x)+bf\left(\dfrac{1}{x}\right)=\dfrac{c}{x}$中的 x，便得到又一个同时出现 $f(x)$和 $f\left(\dfrac{1}{x}\right)$的方程，将这两个方程联立起来就得到关于 $f(x)$和 $f\left(\dfrac{1}{x}\right)$为未知量的二元一次方程组，解出 $f(x)$、$f\left(\dfrac{1}{x}\right)$便可求得 $f(x)=\dfrac{1}{a^2-b^2}\left(\dfrac{ac}{x}-bcx\right)$，这样很容易证明 $f(x)$是奇函数了.

A 类题

1. 用集合表示邻域 $\mathring{U}(2,3)$ 和区间 $[1,+\infty)$.

2. 用邻域表示区间 $(-5,3)$ 和集合 $\{x \mid |x-0.1|<0.01\}$.

3. 用区间表示集合 $\{x \mid x \leqslant -4$ 或 $x>6\}$ 的邻域 $U(10,20)$.

4. 若 $f(x)=\begin{cases}4x+1, & x \geqslant 0 \\ x^2+2, & x<0\end{cases}$, 试求 $f(-1), f(0), f(1), f(x+1)$.

5. 设 $\varphi(x)$ 是以 T 为周期的函数, λ 是任意正实数, 证明函数 $\varphi(\lambda x)$ 是以 $\frac{T}{\lambda}$ 为周期的函数.

6. 确定下列函数定义域:

(1) $y=\frac{1}{1-x^2}+\sqrt{x+2}$;　(2) $y=\arcsin \frac{x-1}{2}$;　(3) $y=\frac{\ln(3-x)}{\sqrt{|x|-1}}$.

7. 下列各组函数能否构成复合函数？若能，请写出可构成的复合函数及其定义域：

(1) $y=\sin\sqrt{1-u^2}$，$u=e^x+e^{-x}$；

(2) $y=\dfrac{u}{\sqrt{1+u^2}}$，$u=\dfrac{v}{\sqrt{1+v^2}}$，$v=\dfrac{x}{\sqrt{1+x^2}}$；

(3) $y=\ln x$，$x=-1-t^2$.

8. 设 $f(x)=\dfrac{x}{1-x}$，求 $f[f(x)]$和 $f\{f[f(x)]\}$.

9. 某市某种出租车票价规定如下：起价 8.90 元，行驶 8km 时开始按里程计费，不足 16km 时每千米收费 1.20 元，超过 16km 时每千米收费 1.80 元。试将票价(元)表示成路程(km)的函数，并作图.

B 类题

求下列函数的反函数：

(1) $y=\dfrac{e^{x}-e^{-x}}{e^{x}+e^{-x}}$；

(2) $y=\begin{cases}\sin x, & -\dfrac{\pi}{2}\leqslant x\leqslant 0,\\ x(x+1), & 0\leqslant x\leqslant 1,\\ 2\sqrt{x} & 1\leqslant x<8.\end{cases}$

第二节　数列的极限

本节要求读者深刻理解数列极限的定义，会用定义证明简单数列的极限，了解数列和子数列之间的关系，利用特殊子数列的极限情况判断原数列的收敛性.

1. 数列极限的定义；

2. 数列极限的几何意义；

3. 子数列的定义及它与原数列极限之间的关系.

例 1　用定义证明：$\lim\limits_{n\to\infty}\dfrac{n}{2^{n}}=0$.

分析： 根据数列极限的定义，对于任给的 ε，能否找到满足条件的 N.

证明： 当 $n\geqslant 2$ 时，$\left|\dfrac{n}{2^n}-0\right|=\dfrac{n}{(1+1)^n}\leqslant\dfrac{n}{1+n+\frac{1}{2}n(n-1)}<\dfrac{2n}{n(n-1)}<\dfrac{2}{n-1}$，所以 $\forall\varepsilon>0$，要使 $\left|\dfrac{n}{2^n}-0\right|<\varepsilon$，只需要 $\dfrac{2}{n-1}<\varepsilon$，即 $n>\dfrac{2}{\varepsilon}+1$，取 $N=\max\left\{\left[\dfrac{2}{\varepsilon}+1\right],2\right\}$，当 $n>N$ 时，有 $\left|\dfrac{n}{2^n}-0\right|<\varepsilon$，故 $\lim\limits_{n\to\infty}\dfrac{n}{2^n}=0$.

例 2 证明：

(1) 若 $\lim\limits_{n\to\infty}x_n=a$，则 $\lim\limits_{n\to\infty}|x_n|=|a|$，举例说明反之不成立；

(2) 若 $\lim\limits_{n\to\infty}x_n=0$，当且仅当 $\lim\limits_{n\to\infty}|x_n|=0$.

分析： 根据已知极限证明未知极限就是要根据已知极限定义中的 ε 以及 N 的存在性来找未知极限中 N 的存在性.

证明： (1) 由 $\lim\limits_{n\to\infty}x_n=a$ 可知，$\forall\varepsilon>0$，$\exists N_1>0$，当 $n>N_1$ 时，$|x_n-a|<\varepsilon$.

对于上述所取的 ε（具有任意性），因为 $||x_n|-|a||<|x_n-a|$，所以也只需要取 $N=N_1$ 即可满足 $||x_n|-|a||<|x_n-a|<\varepsilon$，这就证明了 N 的存在性. 但是反之不成立，例如数列 $\{(-1)^n\}$ 极限不存在，而常数列 $\{1\}$ 的极限存在.

(2) 当(1)中的极限 $a=0$ 时，反之的结论也是成立的，因为 $\forall\varepsilon>0$，$\exists N>0$，当 $n>N$ 时，$|x_n-0|<\varepsilon\Leftrightarrow||x_n|-0|<\varepsilon$，所以 $\lim\limits_{n\to\infty}x_n=0$ 当且仅当 $\lim\limits_{n\to\infty}|x_n|=0$.

例 3 若 $a_n>0(n=1,2,\cdots)$，存在 $C>0$ 使得当 $m<n$ 时，有 $a_n\leqslant Ca_m$，且已知数列 $\{a_n\}$ 存在子数列 $\{a_{n_k}\}\to 0$，试证：$\lim\limits_{n\to\infty}a_n=0$.

分析： 如果根据数列的子数列和原数列极限的关系来证明原数列的极限存在，需要把所有的子数列都找出来，这是不可能的. 但是这里数列不仅有一个收敛的子数列，数列本身各项之间也有一个关系.

证明： 因为 $\{a_{n_k}\}\to 0$，所以对于任给的 $\varepsilon>0$，$\exists N_1>0$，当 $k>N_1$ 时，$|a_{n_k}-0|<\varepsilon$.

令 $N=n_{N_1}+1$，于是当 $n>N$ 时即 $n>n_{N_1}+1$，此时 $a_n\leqslant Ca_{n_{N_1}+1}$，所以 $|a_n-0|=a_n\leqslant Ca_{n_{N_1}+1}<C\varepsilon$，所以 $\forall\varepsilon>0$，$\exists N>0$，当 $n>N$ 时，$|a_n-0|<\varepsilon$，即 $\lim\limits_{n\to\infty}a_n=0$.

A 类题

根据数列极限的定义证明：

(1) $\lim\limits_{n\to\infty}\dfrac{1}{n}\sin\dfrac{n\pi}{4}=0$；　　(2) $\lim\limits_{n\to\infty}(\sqrt{n+1}-\sqrt{n})=0$；

(3) $\lim\limits_{n\to\infty}\dfrac{a^n}{n^n}=0(a>0)$；　　(4) $\lim\limits_{n\to\infty}0.4\underbrace{999\cdots9}_{n个}=0.5$.

B 类题

1. 证明：$\lim\limits_{n\to\infty}U_n=A$，$\lim\limits_{n\to\infty}V_n=B$，$A>B$，则存在正整数 N，当 $n>N$ 时，不等式 $U_n>V_n$ 恒成立.

2. 若$\lim\limits_{n\to\infty}x_n=0$，数列 y_n 有界，证明$\lim\limits_{n\to\infty}x_n y_n=0$，举例说明由$\lim\limits_{n\to\infty}x_n y_n=0$ 不能推出$\lim\limits_{n\to\infty}x_n=0$ 或$\lim\limits_{n\to\infty}y_n=0$.

第三节　函数的极限

在数列极限的基础上理解函数的极限，特别是自变量趋于有限数时的函数极限. 注意函数极限的各种性质和数列极限各种性质的比较. 会灵活应用函数极限和数列极限的关系. 会用左右极限判断函数本身极限的存在性. 掌握函数对应曲线的水平渐近线的存在性判断及其求法.

知识要点

1. 各种自变量的变化趋势下函数极限的定义；

2. 用定义证明简单函数的极限；

3. 用左右极限判断函数本身极限的存在性；

4. 函数曲线水平渐近线的求法；

5. 函数极限和数列极限的关系.

典型例题

例 1 用定义证明：$\lim\limits_{x\to 1}\dfrac{x^2-1}{x-1}=2$.

分析： 根据定义对于给定的 ε，要使 $|f(x)-a|<\varepsilon$ 成立，找出满足条件的 δ 即可.

证明： $\forall\varepsilon>0$，要使 $\left|\dfrac{x^2-1}{x-1}-2\right|<\varepsilon$，只需 $|x+1-2|=|x-1|<\varepsilon$ 成立，即取 $\delta=\varepsilon$ 即可，所以 $\forall\varepsilon>0$，$\exists\delta=\varepsilon$，当 $0<|x-1|<\delta$ 时，有 $\left|\dfrac{x^2-1}{x-1}-2\right|<\varepsilon$.

例 2 给定函数 $f(x)=\begin{cases}x-1, & x<0\\ 0, & x=0\\ x+1, & x>0\end{cases}$，讨论当 $x\to 0$ 时，$f(x)$ 的极限是否存在.

分析： 因为所给函数在 $x=0$ 左右两边表达式不一样，所以要讨论函数极限是否存在，需要先求左右极限，再判断左右极限是否相等.

解 因为 $\lim\limits_{x\to 0^-}f(x)=\lim\limits_{x\to 0^-}(x-1)=\lim\limits_{x\to 0}(x-1)=-1$，

$$\lim_{x\to 0^+}f(x)=\lim_{x\to 0^+}(x+1)=\lim_{x\to 0}(x+1)=1,$$

由于 $f(0^-)\neq f(0^+)$，所以 $\lim\limits_{x\to 0}f(x)$ 不存在.

例 3 证明 $\lim\limits_{x\to 0}\sin\dfrac{1}{x}$ 不存在.

分析： 利用函数极限和函数列极限之间的关系.

证明： 取两个数列 $x_n=\dfrac{1}{n\pi}$，$y_n=\dfrac{1}{2n\pi+\dfrac{\pi}{2}}$，当 $n\to\infty$，$x_n\to 0$，$y_n\to 0$，但是 $\sin x_n=0$，$\sin y_n=1$，根据函数极限和函数列极限之间的关系，判断 $\lim\limits_{x\to 0}\sin\dfrac{1}{x}$ 不存在.

A 类题

求下列函数在 $x=0$ 处的左、右极限，并说明它们在 $x\to 0$ 时极限是否存在.

(1) $f(x)=\mathrm{e}^{\frac{1}{x}}$；

(2) $f[g(x)]=\sin g(x)$，$g(x)=\begin{cases} x-\dfrac{\pi}{2}, & x\leqslant 0, \\ x+\dfrac{\pi}{2}, & x>0. \end{cases}$

B 类题

1. 用定义证明：

(1) $\lim\limits_{x\to\infty}\dfrac{x-2}{x+1}=1$；

(2) $\lim\limits_{x\to 1}\dfrac{2x^2-2}{x-1}=4$；

(3) $\lim\limits_{x\to x_0}\ln x=\ln x_0\ (x_0>0)$；

(4) $\lim\limits_{x\to 1}\varphi(x)=1$，其中 $\varphi(x)=\begin{cases} 2, & x=1 \\ x^3, & x\neq 1 \end{cases}$；

(5) $\lim\limits_{x\to x_0}\sin x=\sin x_0$，$x_0$ 为任意实数.

2. 根据极限定义证明:函数 $f(x)$ 当 $x\to x_0$ 时,极限存在的充分必要条件是它的左右极限都存在且相等.

第四节　无穷小与无穷大

用极限的观点理解无穷小和无穷大的概念,以及无穷小和无穷大之间的关系.掌握函数存在极限和无穷小量之间的关系.函数曲线有无铅直渐近线的判断及其求法.理解无穷大量和有界变量的区别和联系.

1. 用定义证明简单的无穷小量或无穷大量;
2. 判断无穷小量、无穷大量的方法;
3. 无穷大量和无穷小量之间的关系;
4. 函数存在极限和无穷小量之间的关系;
5. 无界变量和无穷大的区别与联系.

例 1　用定义证明:$\lim\limits_{x\to 1}\dfrac{1}{x-1}=\infty$.

分析: 用定义证明,只需要对于给定任意的数 M,要使 $|f(x)|>M$,找到 $0<|x-x_0|<\delta$ 中 δ 的存在性即可.

证明: 任给正数 M,要使 $\left|\dfrac{1}{x-1}\right|>M$,只要 $|x-1|<\dfrac{1}{M}$,即取 $\delta=\dfrac{1}{M}$,则当 $0<|x-1|<\delta$ 时,$\left|\dfrac{1}{x-1}\right|>M$,所以 $\lim\limits_{x\to 1}\dfrac{1}{x-1}=\infty$.

例 2　证明:$\lim\limits_{x\to 2}\dfrac{x-4}{x-2}=\infty$.

分析: 这里利用非零无穷小量的倒数是无穷大量来证明更简单,而不是用定义证明.

证明：因为$\lim\limits_{x\to 2}\dfrac{x-2}{x-4}=\dfrac{0}{-2}=0$，所以$\lim\limits_{x\to 2}\dfrac{x-4}{x-2}=\infty$.

例 3　证明：函数 $f(x)=x\cos x$ 当 $x\to\infty$时是无界的，但不是无穷大量.

证明：因为取 $x=2n\pi$ 时，当 $n\to\infty$则 $x\to+\infty$，此时 $f(2n\pi)=2n\pi\to\infty$，说明该函数无界.但是取 $x=n\pi+\dfrac{\pi}{2}$时，也是当 $n\to\infty$则 $x\to+\infty$，但此时 $f\left(n\pi+\dfrac{\pi}{2}\right)=0$，这说明当 $x\to\infty$时，$f(x)$不是无穷大量.

A 类题

1. 判断下列变量在给定的变化过程中是否是无穷小量.

(1) $3^{-x}-1(x\to 0)$　(　　)

(2) $\dfrac{\sin x}{x}(x\to\infty)$　(　　)

(3) $\dfrac{5x^2}{\sqrt{x^3-2x+1}}(x\to\infty)$　(　　)

(4) $\dfrac{x^2}{x+1}\left(2+\sin\dfrac{1}{x}\right)(x\to 0)$　(　　)

2. 判断下列变量在给定的变化过程中是否是无穷大量.

(1) $\dfrac{x^2}{\sqrt{x^3+1}}(x\to\infty)$　(　　)

(2) $\ln x(x\to 0^+)$　(　　)

(3) $\ln x(x\to+\infty)$　(　　)

(4) $e^{-\frac{1}{x}}(x\to 0^-)$　(　　)

B 类题

根据定义证明：

(1) $y=2^x$，当 $x\to-\infty$时为无穷小量；

(2) $f(x)=\dfrac{x-1}{x^2-4}$，当 $x\to-2$ 为无穷大量；

(3) $\dfrac{1-\cos n\pi}{n}$,当 n 无限增大时为无穷小量.

第五节 极限运算法则

掌握有限个无穷小量的和、有限个无穷小量的乘积、有界函数和无穷小的乘积以及常数和无穷小的乘积都还是无穷小.掌握函数极限和数列极限的四则运算法则以及复合函数的极限运算法则.

1. 有限个无穷小的和、积还是无穷小;
2. 有界函数和无穷小的乘积还是无穷小;
3. 常数和无穷小的乘积也还是无穷小;
4. 函数极限及数列极限的四则运算法则;
5. 复合函数的极限运算法则.

例 1 求极限 $\lim\limits_{x\to\infty}\dfrac{\sin x}{x}$.

分析: $\dfrac{\sin x}{x}=\dfrac{1}{x}\sin x$,这是一个无穷小量和一个有界变量的乘积.

解: 因为 $|\sin x|\leqslant 1$,$\lim\limits_{x\to\infty}\dfrac{1}{x}=0$,有界变量和无穷小量的乘积还是无穷小量,所以

$\lim\limits_{x\to\infty}\dfrac{\sin x}{x}=0$.

例 2 设 $f(x)=\begin{cases}x+1, & x>0,\\ x-1, & x\leqslant 0,\end{cases}$ $g(x)=\begin{cases}-e^x, & x>0,\\ e^x, & x\leqslant 0,\end{cases}$ 求 $\lim\limits_{x\to 0}f(x)g(x)$.

分析: 这是一个分段函数的极限问题,所以要先分别求出左右极限,根据左右极限是否存在,又是否相等来判断函数的极限是否存在.

解：因为$\lim\limits_{x\to0^+}f(x)g(x)=\lim\limits_{x\to0^+}f(x)\lim\limits_{x\to0^+}g(x)=-1$，$\lim\limits_{x\to0^-}f(x)g(x)=\lim\limits_{x\to0^-}f(x)\lim\limits_{x\to0^-}g(x)=-1$，所以$\lim\limits_{x\to0}f(x)g(x)=-1$.

例 3　求极限：$\lim\limits_{n\to\infty}\left(\frac{1}{1}+\frac{1}{1+2}+\cdots\frac{1}{1+2+\cdots+n}\right)$.

分析：这里不能用极限的四则运算法则，因为这是无穷多项的和，只能先化简函数再求极限.

解：因为$\frac{1}{1+2+\cdots+n}=\frac{1}{\frac{1}{2}n(n+1)}=\frac{2}{n(n+1)}=2\left(\frac{1}{n}-\frac{1}{n+1}\right)$，

所以原式$=2\lim\limits_{n\to\infty}\left[\left(1-\frac{1}{2}\right)+\left(\frac{1}{2}-\frac{1}{3}\right)+\cdots\left(\frac{1}{n}-\frac{1}{n+1}\right)\right]=2\lim\limits_{n\to\infty}\left(1-\frac{1}{n+1}\right)=2$.

A 类题

1. 计算下列极限：

(1) $\lim\limits_{x\to2}\frac{x^2+4}{x-7}$；

(2) $\lim\limits_{x\to1}\frac{x^2-1}{x^3-1}$；

(3) $\lim\limits_{x\to0}\frac{\sqrt{2x+9}-3}{x}$；

(4) $\lim\limits_{x\to\infty}\frac{x^2+3}{4x^2-7}$；

(5) $\lim\limits_{x\to-1}\left(\frac{1}{x+1}-\frac{3}{x^3+1}\right)$；

(6) $\lim\limits_{x\to+\infty}(\sqrt{x^2+x}-\sqrt{x^2+1})$；

(7) $\lim\limits_{x\to1}\frac{2x-3}{x^2-5x+4}$；

(8) $\lim\limits_{x\to\infty}(x^4-2x^2+1)$；

(9) $\lim\limits_{n\to\infty}\frac{1^1+2^2+\cdots+n^2}{n^3}$.

2. 计算下列极限：

(1) $\lim\limits_{x\to\infty}\dfrac{x-\sin x}{x+\sin x}$；

(2) $\lim\limits_{x\to 0^-}\mathrm{e}^{\frac{1}{x}}\sqrt{\arctan\dfrac{1}{x}+\pi}$；

3. 求 a,b 的值，使得 $\lim\limits_{x\to\infty}\left(\dfrac{x^2+1}{x+1}-ax-b\right)=0$.

B 类题

1. 证明：如果函数 $f(x)$ 当 $x\to\infty$ 时有极限，则函数 $f(x)$ 在 ∞ 邻域内是有界函数.

2. 若 $\varphi(x)\leqslant\psi(x)$ 且 $\lim\limits_{x\to x_0}\varphi(x)=a$，$\lim\limits_{x\to x_0}\psi(x)=b$，证明 $a\leqslant b$.

第六节　极限存在准则　两个重要极限

掌握两个极限存在准则，即夹逼准则和单调有界准则，以及用这两个准则求出两个函数的极限，由此再利用复合函数的极限运算法则得到两类不定型极限的求解方法，即“$\dfrac{0}{0}$”型和“$\dfrac{\infty}{\infty}$”型.

1. 夹逼准则的内容及应用；

2. 单调有界准则的内容及应用；

3. 函数极限：$\lim\limits_{x\to 0}\dfrac{\sin x}{x}=1$；

4. 函数极限：$\lim\limits_{x\to 0}(1+x)^{\frac{1}{x}}=\mathrm{e}$ 或 $\lim\limits_{x\to\infty}(1+\dfrac{1}{x})^{x}=\mathrm{e}$；

5. 只要满足 $\lim\limits_{x\to x_0}\varphi(x)=0$，$\lim\limits_{x\to x_0}\dfrac{\sin\varphi(x)}{\varphi(x)}=1$；

6. 只要满足 $\lim\limits_{x\to x_0}\varphi(x)=0$，$\lim\limits_{x\to x_0}(1+\varphi(x))^{\frac{1}{\varphi(x)}}=\mathrm{e}$；

7. 只要满足 $\lim\limits_{x\to x_0}\varphi(x)=\infty$，$\lim\limits_{x\to x_0}(1+\dfrac{1}{\varphi(x)})^{\varphi(x)}=\mathrm{e}$.

例 1　求极限 $\lim\limits_{n\to\infty}\sqrt[n]{2^n+3^n}$.

分析：这里求极限的式子是一个整体，没办法拆开，而且底数里面有变量，指数里面也有变量。但是我们可以这样理解：当 $n\to\infty$ 时，2^n+3^n 起主要作用的是 3^n，由此我们想到将函数放缩，用夹逼准则求极限.

解：由于 $3^n<2^n+3^n<2\times 3^n$，所以 $3<\sqrt[n]{2^n+3^n}<3\times\sqrt[n]{2}$，而 $\lim\limits_{n\to\infty}\sqrt[n]{2}=1$，根据夹逼准则知 $\lim\limits_{n\to\infty}\sqrt[n]{2^n+3^n}=3$.

例 2　求极限 $\lim\limits_{x\to\infty}\left(\sin\dfrac{1}{x}+\cos\dfrac{1}{x}\right)^{x}$.

分析：这是一个"1^∞"型的极限，但是底数里面不是 1 加上一个无穷小量，所以需要将函数先化简凑成 1 加无穷小量的形式.

解：原式 $=\lim\limits_{x\to\infty}\left[\left(\sin\dfrac{1}{x}+\cos\dfrac{1}{x}\right)^{2}\right]^{\frac{x}{2}}=\lim\limits_{x\to\infty}\left(1+\sin\dfrac{2}{x}\right)^{\frac{x}{2}}$

$$=\lim\limits_{x\to\infty}\left[\left(1+\sin\frac{2}{x}\right)^{\frac{1}{\sin\frac{2}{x}}}\right]^{\frac{\sin\frac{2}{x}}{\frac{x}{2}}}=\mathrm{e}$$

例 3　求极限 $\lim\limits_{x\to 0}\left(\dfrac{2+\mathrm{e}^{\frac{1}{x}}}{1+\mathrm{e}^{\frac{4}{x}}}+\dfrac{\sin x}{|x|}\right)$.

分析：这里待求极限的函数里有$|x|$，而且当$x\to 0$时，要求$\frac{1}{x}$的极限也要分左右极限，所以就需要分x小于0而趋于0和大于0而趋于0两种情况，即要先分别求左右极限.

解：$$\lim_{x\to 0^+}\left(\frac{2+e^{\frac{1}{x}}}{1+e^{\frac{4}{x}}}+\frac{\sin x}{|x|}\right)=\lim_{x\to 0^+}\left(\frac{\frac{2}{e^{\frac{4}{x}}}+\frac{1}{e^{\frac{3}{x}}}}{1+\frac{1}{e^{\frac{4}{x}}}}+\frac{\sin x}{x}\right)=0+1=1$$

$$\lim_{x\to 0^-}\left(\frac{2+e^{\frac{1}{x}}}{1+e^{\frac{4}{x}}}+\frac{\sin x}{|x|}\right)=\lim_{x\to 0^-}\left(\frac{2+e^{\frac{1}{x}}}{1+e^{\frac{4}{x}}}+\frac{\sin x}{-x}\right)=2-1=1,$$

所以 $$\lim_{x\to 0}\left(\frac{2+e^{\frac{1}{x}}}{1+e^{\frac{4}{x}}}+\frac{\sin x}{|x|}\right)=1.$$

A 类题

计算下列极限：

(1) $\lim\limits_{x\to 0}\frac{\sin 2x}{\sin 5x}$；

(2) $\lim\limits_{n\to\infty}3^n\sin\frac{x}{3^n}$；

(3) $\lim\limits_{x\to 0}\frac{\sin x+2x}{2\tan x+3x}$；

(4) $\lim\limits_{x\to 0}\frac{\tan x-\sin x}{x^3}$；

(5) $\lim\limits_{t\to\infty}\left(\frac{t}{1+t}\right)^t$；

(6) $\lim\limits_{x\to\infty}\left(\frac{x^2+1}{x^2}\right)^{x^2+1}$.

B 类题

利用夹逼准则求极限：

(1) $\lim\limits_{n\to\infty}n\left(\frac{1}{n^2+\pi}+\frac{1}{n^2+2\pi}+\cdots+\frac{1}{n^2+n\pi}\right)$；

(2) 设 $x_n=(1^n+2^n+\cdots+10^n)^{\frac{1}{n}}$，求 $\lim\limits_{n\to\infty}x_n$（提示：利用结论 $\lim\limits_{n\to\infty}\sqrt[n]{a}=1$）；

(3) $\lim\limits_{x\to\infty}\dfrac{\sqrt{x^2+1}}{x+1}$.

第七节　无穷小的比较

本节要求读者掌握高阶无穷小、低阶无穷小、k 阶无穷同阶无穷小以及等价无穷小的定义.熟悉两个无穷小量等价的充分必要条件以及等价替换原理，在求极限的过程中恰当地用等价无穷小作替换将大大地简化函数的复杂程度.

1. 各类无穷小量比较的定义；
2. 两个无穷小量等价的重要条件；
3. 等价无穷小量的替换原理.

典型例题

例 1　证明：当 $x\to0^+$ 时，$\ln\dfrac{1+x}{1-\sqrt{x}}\sim\sqrt{x}$.

分析：根据等价无穷小的定义，只需要说明极限 $\lim\limits_{x\to0^+}\dfrac{\ln\dfrac{1+x}{1-\sqrt{x}}}{\sqrt{x}}=1$.

证明：

$$\lim_{x\to0^+}\frac{\ln\dfrac{1+x}{1-\sqrt{x}}}{\sqrt{x}}=\lim_{x\to0^+}\frac{\ln(1+x)-\ln(1-\sqrt{x})}{\sqrt{x}}$$

$$=\lim_{x\to0^+}\frac{\ln(1+x)}{\sqrt{x}}-\lim_{x\to0^+}\frac{\ln(1-\sqrt{x})}{\sqrt{x}}$$

$$=\lim_{x\to0^+}\frac{x}{\sqrt{x}}-\lim_{x\to0^+}\frac{-\sqrt{x}}{\sqrt{x}}$$

$$=0+1$$

$$=1$$

(这里用到当 $x\to0$ 时,$\ln(1+x)\sim x$,$\ln(1-\sqrt{x})\sim-\sqrt{x}$)

例 2 求极限:$\lim\limits_{x\to0}\dfrac{(1+x^2)^{\frac{1}{3}}-1}{\cos x-1}$.

分析: 这是一个"$\dfrac{0}{0}$"型的极限,不能用商的极限等于极限的商来计算,但是如果我们用等价无穷小量来代换将会快速简化函数. 因为当 $x\to0$ 时,$x^2\to0$,此时 $(1+x^2)^{\frac{1}{3}}-1\sim\dfrac{1}{3}x^2$,$\cos x-1\sim-\dfrac{1}{2}x^2$,所以原式$=\lim\limits_{x\to0}\dfrac{\frac{1}{3}x^2}{-\frac{1}{2}x^2}=-\dfrac{2}{3}$.

例 3 求极限:$\lim\limits_{n\to\infty}\left(\cos x\cos\dfrac{x}{2}\cos\dfrac{x}{2^2}\cdots\cos\dfrac{x}{2^n}\right)$.

分析: 这里不能用函数乘积的极限等于函数极限的乘积来计算,因为是无穷个函数的乘积,只能先对函数化简.

解: 因为 $\cos x\cos\dfrac{x}{2}\cos\dfrac{x}{2^2}\cdots\cos\dfrac{x}{2^n}=\dfrac{2^{n+1}\sin\frac{x}{2^n}}{2^{n+1}\sin\frac{x}{2^n}}\left(\cos x\cos\dfrac{x}{2}\cos\dfrac{x}{2^2}\cdots\cos\dfrac{x}{2^n}\right)=\dfrac{\sin2x}{2^{n+1}\sin\frac{x}{2^n}}$,所以$\lim\limits_{n\to\infty}\left(\cos x\cos\dfrac{x}{2}\cos\dfrac{x}{2^2}\cdots\cos\dfrac{x}{2^n}\right)=\lim\limits_{n\to\infty}\dfrac{\sin2x}{2^{n+1}\sin\frac{x}{2^n}}=\lim\limits_{n\to\infty}\dfrac{\sin2x}{2^{n+1}\frac{x}{2^n}}=\dfrac{\sin2x}{2x}$(这里用到当 $n\to\infty$ 时,$\sin\dfrac{x}{2^n}\sim\dfrac{x}{2^n}$).

A 类题

1. 证明:

(1) $\arctan x\sim x\quad(x\to0)$;

(2) $\sin(\tan x)\sim x\quad(x\to 0)$；

(3) $\frac{2}{3}(\cos x-\cos 2x)\sim x^2\quad(x\to 0)$.

2. 证明：$x\to 0$ 时，$\sqrt{1+x}-1$ 与 $\tan x$ 是同阶但不是等价无穷小.

3. 证明：$x\to 0$ 时，$\tan x-\sin x$ 是 x^2 的高阶无穷小.

B 类题

计算下列极限：

(1) 求$\lim\limits_{n\to\infty}\dfrac{\left(a^{\frac{2}{n}}-1\right)\left(1-\cos\dfrac{3}{n}\right)}{\tan^3\dfrac{2}{n}}\quad(a>0,a\neq 1)$；

(2) 求$\lim\limits_{n\to\infty}n^2\left[e^{2+\frac{1}{n}}+e^{2-\frac{1}{n}}-2e^2\right]$；

(3) 求$\lim\limits_{x\to 0}\dfrac{3\sin x+x^2\cos\dfrac{1}{x}}{(1+\cos x)\ln(1+x)}$；

(4) $\lim\limits_{x\to 1}\dfrac{x^x-1}{x\ln x}$;

(5) $\lim\limits_{x\to +\infty}\ln(1+2^x)\ln\left(1+\dfrac{b}{x}\right)$.

第八节　函数的连续性与间断点

本节要求读者理解函数在某一点连续的定义,在某一点左连续、右连续的定义以及在某个区间上连续的定义.掌握函数连续和极限存在的联系及区别,函数间断点的类型及判断方法.

1. 函数在某一点连续、左连续、右连续的定义;
2. 函数在区间上连续的定义;
3. 函数间断点的类型及求法.

例 1　设 $f(x)=\begin{cases}x^2, & x\leqslant 1,\\ 2-x, & x>1,\end{cases}$ $g(x)=\begin{cases}x, & x\leqslant 1,\\ x+4, & x>1,\end{cases}$ 讨论函数的连续性.

分析: 这里要讨论复合函数的连续性,需要先把函数的表达式写出来.

解: $f[g(x)]=\begin{cases}g^2(x), & g(x)\leqslant 1,\\ 2-g(x), & g(x)>1,\end{cases}$ 根据 $g(x)$ 的表达式,只有当 $x\leqslant 1$ 时,$g(x)=x$,此时其取值可能小于等于 1;当 $x>1$ 时,$g(x)=x+4$,此时其值域大于 5,当然也大于 1,所以 $f[g(x)]=\begin{cases}x^2, & x\leqslant 1,\\ -x-2, & x>1.\end{cases}$

又$\lim\limits_{x\to1^+}f[g(x)]=\lim\limits_{x\to1^+}(-x-2)=-3$，$\lim\limits_{x\to1^-}f[g(x)]=\lim\limits_{x\to1^-}x^2=1$，所以 $x=1$ 是 $f[g(x)]$ 的跳跃间断点，在其他点处都是连续的.

例 2　设 $f(x)=\begin{cases}x^{\alpha}\sin\dfrac{1}{x}, & x>0,\\ e^x+\beta, & x\leqslant0,\end{cases}$ 讨论当 α,β 取何值时，该函数处处连续.

分析：当 $x>0$ 或 $x<0$ 时，函数 $f(x)$ 均为初等函数，所以处处连续. 所以我们只需讨论当 α,β 满足什么条件时，该函数在 $x=0$ 处连续.

解：当 $x>0$ 或 $x<0$ 时，函数 $f(x)$ 均为初等函数，所以处处连续.

而只有当 $\alpha>0$ 时，$f(0+0)=\lim\limits_{x\to0^+}f(x)=\lim\limits_{x\to0^+}x^{\alpha}\sin\dfrac{1}{x}=0$，$f(0-0)=\lim\limits_{x\to0^+}f(x)=\lim\limits_{x\to0^+}(e^x+\beta)=1+\beta=f(0)$，令 $f(0+0)=f(0-0)=f(0)$，即 $1+\beta=0$，所以当 $\alpha>0$，$\beta=-1$ 时函数 $f(x)$ 处处连续.

例 3　求函数 $f(x)=\begin{cases}\dfrac{1}{x}\ln(1-x), & x<0\\ 0, & x=0\\ \dfrac{\sin x}{x-1}, & x>0\end{cases}$ 的间断点，并确定间断点的类型.

分析：初等函数在其自然定义域内都是连续的，所以只有函数没有定义的那些点可能是其间断点，对这些点逐一判断即可.

解：显然函数在 $(-\infty,0)$，$(0,1)$，$(1,+\infty)$ 内连续.

$f(0-0)=\lim\limits_{x\to0^-}f(x)=\lim\limits_{x\to0^-}\dfrac{1}{x}\ln(1-x)=\lim\limits_{x\to0^-}\dfrac{1}{x}(-x)=-1$，$f(0+0)=\lim\limits_{x\to0^+}f(x)=\lim\limits_{x\to0^+}\dfrac{\sin x}{x-1}=\lim\limits_{x\to0^-}\dfrac{x}{x-1}=0$，根据 $f(0-0)\neq f(0+0)$ 知 $x=0$ 是跳跃间断点；因为 $\lim\limits_{x\to1}f(x)=\lim\limits_{x\to1}\dfrac{\sin x}{x-1}=\infty$，所以 $x=1$ 是无穷间断点.

A 类题

1. 求下列函数的间断点，并判别其类型：

(1) $f(x)=\dfrac{x^2-1}{x^2-3x+2}$；　　　　(2) $f(x)=\dfrac{x-a}{|x-a|}$.

2. 判断函数 $f(x)=\begin{cases} e^{\frac{1}{x}}, & x<0 \\ 0, & x=0 \\ x\arctan\dfrac{1}{x}, & x>0 \end{cases}$ 在 $x=0$ 处是否连续.

B类题

1. 要使函数 $f(x)=\begin{cases} a+x^2, & x>1 \\ 2, & x=1 \\ b-x, & x<1 \end{cases}$ 连续,常数 a,b 应各取何值?

2. k 取何值时,函数 $f(x)=\begin{cases} \dfrac{\cos x-\cos 2x}{x^2}, & x\neq 0 \\ k, & x=0 \end{cases}$ 在 $x=0$ 处连续?

第九节 连续函数的运算与初等函数的连续性

本节要求读者掌握连续函数的和、差、积、商的连续性，反函数和符合函数的连续性，初等函数的连续性.

1. 连续函数的和、差、积、商的连续性；
2. 反函数和符合函数的连续性；
3. 初等函数的连续性.

例1 求极限：$\lim\limits_{x\to 0}\left(\dfrac{a^x+b^x+c^x}{3}\right)^{\frac{1}{x}}$.

分析：这是一个“1^∞”型的极限，而且是一个幂指函数的极限，可以利用两个重要极限中的第二个，但是也需要先化简函数.

解：$\left(\dfrac{a^x+b^x+c^x}{3}\right)^{\frac{1}{x}}=\mathrm{e}^{\ln\left(\frac{a^x+b^x+c^x}{3}\right)^{\frac{1}{x}}}=\mathrm{e}^{\frac{1}{x}\ln\left(\frac{a^x+b^x+c^x}{3}\right)}$，

所以$\lim\limits_{x\to 0}\left(\dfrac{a^x+b^x+c^x}{3}\right)^{\frac{1}{x}}=\mathrm{e}^{\lim\limits_{x\to 0}\frac{1}{x}\ln\left(\frac{a^x+b^x+c^x}{3}\right)}$

$$\lim_{x\to 0}\frac{1}{x}\ln\left(\frac{a^x+b^x+c^x}{3}\right)=\lim_{x\to 0}\frac{1}{x}\ln\left(1+\frac{a^x+b^x+c^x-3}{3}\right)=\lim_{x\to 0}\frac{1}{x}\frac{a^x+b^x+c^x-3}{3}$$

$$=\lim_{x\to 0}\frac{1}{x}\left(\frac{a^x-1}{3}+\frac{b^x-1}{3}+\frac{c^x-1}{x}\right)=\lim_{x\to 0}\left(\frac{a^x-1}{3x}+\frac{b^x-1}{3x}+\frac{c^x-1}{3x}\right)$$

$$=\lim_{x\to 0}\frac{a^x-1}{3x}+\lim_{x\to 0}\frac{b^x-1}{3x}+\lim_{x\to 0}\frac{c^x-1}{3x}$$

$$=\lim_{x\to 0}\frac{x\ln a}{3x}+\lim_{x\to 0}\frac{x\ln b}{3x}+\lim_{x\to 0}\frac{x\ln c}{3x}=\frac{\ln a+\ln b+\ln c}{3}=\frac{1}{3}\ln(abc)$$

所以$\lim\limits_{x\to 0}\left(\dfrac{a^x+b^x+c^x}{3}\right)^{\frac{1}{x}}=e^{\frac{1}{3}\ln(abc)}=\sqrt[3]{abc}$.

例2 已知对一切 x,y 有 $f(x+y)=f(x)+f(y)$，且函数 $f(x)$ 在 $x=0$ 处连续，证明函数 $f(x)$ 在 $(-\infty,+\infty)$ 上连续.

分析：只需证明函数 $f(x)$在$(-\infty,+\infty)$上任一点 x_0 处连续即可. 函数在一点处连续的定义有几种形式，这里由题设可选用证明$\lim\limits_{\Delta x\to 0}[f(x_0+\Delta x)-f(x_0)]=0$.

证明：由 $f(x+y)=f(x)+f(y)$，令 $x=y=0$，得 $f(0)=2f(0)$，因此 $f(0)=0$.

又由于 $f(x)$在 $x=0$ 处连续，即有$\lim\limits_{x\to 0}f(x)=f(0)=0$，因此$\forall x_0\in(-\infty,+\infty)$，

$\lim\limits_{\Delta x\to 0}[f(x_0+\Delta x)-f(x_0)]=\lim\limits_{\Delta x\to 0}[f(x_0)+f(\Delta x)-f(x_0)]=\lim\limits_{\Delta x\to 0}f(\Delta x)=f(0)=0$.

例 3 讨论 $f(x)=\lim\limits_{n\to\infty}\sqrt[n]{2+(2x)^n+x^{2n}}\ (x\geqslant 0)$的连续性.

分析：要讨论函数 $f(x)$的连续性，需先将 $f(x)$的表达式求出，也即先求极限，但是需要读者注意的是极限的过程是 $n\to\infty$，所以求极限时可以把 x 当作常数.

解：当 $0\leqslant x\leqslant\dfrac{1}{2}$，则$\sqrt[n]{2}\leqslant\sqrt[n]{2+(2x)^n+x^{2n}}\leqslant\sqrt[n]{4}$，

当$\dfrac{1}{2}<x<2$，则 $2x<\sqrt[n]{2+(2x)^n+x^{2n}}=2x\sqrt[n]{2(2x)^{-n}+1+2^{-n}x^n}<2x\sqrt[n]{4}$，

当 $2\leqslant x<+\infty$，则 $x^2\leqslant\sqrt[n]{2+(2x)^n+x^{2n}}=x^2\sqrt[n]{2x^{-2n}+2^nx^{-n}+1}\leqslant x^2\sqrt[n]{3}$，

而$\lim\limits_{n\to\infty}\sqrt[n]{2}=\lim\limits_{n\to\infty}\sqrt[n]{3}=\lim\limits_{n\to\infty}\sqrt[n]{4}=1$，

所以 $f(x)=\begin{cases}1, & 0\leqslant x\leqslant\dfrac{1}{2},\\ 2x, & \dfrac{1}{2}<x<2,\\ x^2, & 2\leqslant x<+\infty.\end{cases}$

从而 $f(x)$在$\left[0,\dfrac{1}{2}\right]$，$\left(\dfrac{1}{2},2\right)$，$[2,+\infty)$上是初等函数，因而连续.

又因为$\lim\limits_{x\to\frac{1}{2}^-}f(x)=1=\lim\limits_{x\to\frac{1}{2}^+}f(x)=f\left(\dfrac{1}{2}\right)$，$\lim\limits_{x\to 2^-}f(x)=4=\lim\limits_{x\to 2^+}f(x)=f(2)$，所以 $f(x)$在$[0,+\infty)$上连续.

A 类题

1. 求极限：

(1) $\lim\limits_{x\to 1}\dfrac{\sqrt{5x-4}-\sqrt{x}}{x-1}$；

(2) $\lim\limits_{x\to 0}\dfrac{x^2}{1-\sqrt{1+x^2}}$；

(3) $\lim\limits_{x \to +\infty}(\sqrt{x^2+x}-\sqrt{x^2-x})$；

(4) $\lim\limits_{x \to a}\dfrac{\cos^2 x-\cos^2 a}{x-a}$.

2. 利用等阶无穷小代换求极限：

(1) $\lim\limits_{x \to 0}\dfrac{\ln(1+2x)}{\sin 3x}$；

(2) $\lim\limits_{x \to 0}\dfrac{\sqrt{1+2x}-1}{\arcsin 3x}$；

(3) $\lim\limits_{x \to 0^+}\dfrac{1-\sqrt{\cos x}}{1-\cos\sqrt{x}}$；

(4) $\lim\limits_{x \to 0^+}\dfrac{\sqrt{1+\tan x}-\sqrt{1+\sin x}}{e^{x^3-1}}$.

B 类题

利用初等函数的连续性及适当的变量代换，证明当 $x \to 0$ 时，$\ln(1+x) \sim x$，$e^x-1 \sim x$，$\sqrt[n]{1+x}-1 \sim \dfrac{1}{n}x$.

第十节　闭区间上连续函数的性质

本节要求掌握函数在一点处的导数及导函数的定义,会用定义求导数;掌握单侧导数的定义及可导的充要条件;能熟练应用单侧导数及导数的定义判断函数在某点是否可导;掌握导数的几何和物理意义,会求曲线的切线及法线方程;正确掌握可导性与连续性之间的关系.

1. 导数及导函数的定义,用定义求导数;
2. 左、右导数的定义,可导的充分必要条件;
3. 导数的几何意义,根据导数的几何意义求直线的切线、法线方程;
4. 可导性与连续性的关系.

例 1　证明奇数次的代数方程至少有一个实根.

分析: 奇数次代数方程的定义域是$(-\infty,+\infty)$,而不是闭区间,所以不能求函数在闭区间端点处的函数值,这里需要求函数在$-\infty$和$+\infty$的极限.

证明: 设 $P(x)=a_0x^{2n+1}+a_1x^{2n}+\cdots+a_{2n}x+a_{2n+1}$,其中 $a_0,a_1,\cdots,a_{2n+1}$ 都是常数,且 $a_0\neq 0$,则 $P(x)$在$(-\infty,+\infty)$上连续,不妨设 $a_0>0$,则 $\lim\limits_{x\to-\infty}P(x)=-\infty$, $\lim\limits_{x\to+\infty}P(x)=+\infty$,根据无穷大量的定义,存在$\exists x_1<0,x_2>0$,使得 $P(x_1)<0,P(x_2)>0$,于是在$[x_1,x_2]$上由零点定理可知 $P(x)=a_0x^{2n+1}+a_1x^{2n}+\cdots+a_{2n}x+a_{2n+1}$ 在$[x_1,x_2]$上至少有一个零点,即证明了奇数次方程在实数域上至少有一个根.

例 2　设 $f(x)$在$[a,b]$上连续,且 $f(a)=f(b)$,证明:存在 $x_0\in[a,b]$,使得 $f(x_0)=f\left(x_0+\dfrac{b-a}{2}\right)$.

分析: 证明函数零点的存在性可以转化为证明方程根的存在性,这里相当于需要证明方程 $f(x)=f(x+\dfrac{b-a}{2})$有根 x_0.

证明: 做辅助函数 $F(x)=f(x)-f(x+\dfrac{b-a}{2})$,则 $F(x)$在$\left[a,\dfrac{a+b}{2}\right]$上连续,且

$F(a)=f(a)-f(\frac{a+b}{2})$，$F(\frac{a+b}{2})=f(\frac{a+b}{2})-f(b)$，因为 $f(a)=f(b)$，若 $f(a)=f\left(\frac{a+b}{2}\right)$，则取 $x_0=a$ 或 $x_0=\frac{a+b}{2}$，命题得证.

若 $f(a)=f(b)\neq f\left(\frac{a+b}{2}\right)$，则 $F(a)F\left(\frac{a+b}{2}\right)<0$，由介值定理，存在 $x_0\in\left(a,\frac{a+b}{2}\right)$，使得 $F(x_0)=0$，即 $f(x_0)=f\left(x_0+\frac{b-a}{2}\right)$.

例 3　若函数 $f(x)$ 在 $[a,b)$ 上连续，且 $\lim\limits_{x\to b^-}f(x)=+\infty$，则 $f(x)$ 在 $[a,b)$ 能取到最小值.

分析：闭区间上的连续函数一定可以取到最小值和最大值，这里不是闭区间，而且当 $x\to b^-$ 时，$f(x)$ 趋于正无穷大，所以这里的函数不能取到最大值，可以证明取到最小值.

证明：由 $\lim\limits_{x\to b^-}f(x)=+\infty$，根据无穷大的定义，对于任意的 $M=\max\{f(a),0\}\geqslant 0$，存在 $\delta>0$（使 $a<b-\delta$），当 $b-\delta<x<b$ 时有 $f(x)\geqslant M$. 又因为 $f(x)$ 在闭区间 $[a,b-\delta]$ 上连续，所以能够取到最小值. 不妨设 $f(x)$ 在 $\xi\in[a,b-\delta]$ 处取得最小值，则有 $f(\xi)\leqslant f(a)\leqslant M$，于是对于任意 $x\in[a,b)$，都有 $f(\xi)\leqslant f(x)$，即 $f(x)$ 在 $[a,b)$ 取到最小值.

A 类题

1. 证明方程 $x^5-3x=1$ 在 $(1,2)$ 内至少有一个实根.

2. 证明方程 $x=a\sin x+b$ $(a>0,b>0)$ 至少有一个不超过 $a+b$ 的正根.

3. 设函数 $f(x)$、$g(x)$ 都在 $[a,b]$ 上连续，且 $f(a)<g(a)$，$f(b)>g(b)$，求证在 (a,b) 内至少存在一个 c，使得 $f(c)=g(c)$.

B类题

1. 设函数 $f(x)$在$[a,b]$上连续,$a<x_1<x_2<b$,证明在$[x_1,x_2]$上必有一个 c,使得 $f(c)=\frac{kf(x_1)+lf(x_2)}{k+l}$,其中 $k>0,l>0$.

2. 求证函数 $F(x)=2^x-x^2$ 在$(-\infty,+\infty)$内至少有 3 个零点.

第三章　微分中值定理与导数的应用

第一节　微分中值定理

这一节要求读者理解费马定理的基本含义，深刻理解罗尔中值定理、拉格朗日中值定理、柯西中值定理的基本含义，并能熟练运用这3个中值定理证明等式、不等式及有关命题.

1. 理解罗尔定理和拉格朗日中值定理，分清其条件与结论，知道其几何意义，了解柯西中值定理，弄清其条件与结论；

2. 会用中值定理证明等式、不等式及有关命题，重点是罗尔定理和拉格朗日中值定理的应用.

例1　设函数 $f(x)$ 在 $[0,1]$ 上连续，在 $(0,1)$ 内可导，且 $f(0)=f(1)=0$，$f\left(\frac{1}{2}\right)=1$，试证：至少存在一点 $\xi\in(0,1)$，使得 $f'(\xi)=1$.

分析：由结论 $f'(\xi)=1\Leftarrow f'(x)=1\Leftarrow f(x)=x+c\Leftarrow f(x)-x=0$，可知令 $F(x)=f(x)-x$.

证明：令 $F(x)=f(x)-x$，由题设可知 $F(x)$ 在 $[0,1]$ 上连续，在 $(0,1)$ 内可导，

$\because f(1)=0$　$\therefore F(1)=f(1)-1=-1<0$，$\because f(\frac{1}{2})=1$　$\therefore F(\frac{1}{2})=f(\frac{1}{2})-\frac{1}{2}=\frac{1}{2}>0$，由零点定理得，$\exists\eta\in(\frac{1}{2},1)$，使得 $F(\eta)=0$，又 $F(0)=f(0)-0=0$，对 $F(x)$ 在 $[0,\eta]$ 上利用罗尔定理，则 $\exists\xi\in(0,\eta)\subset(0,1)$，使得 $F'(\xi)=0$，即 $f'(\xi)=1$.

例2　设 $f(x)$，$g(x)$ 在 $[a,b]$ 上连续，且 $g(b)=g(a)=1$，在 (a,b) 内 $f(x)$，$g(x)$ 均

可导,且 $g(x)+g'(x)\neq 0$, $f'(x)\neq 0$,证明:$\exists\xi,\eta\in(a,b)$,使 $\dfrac{f'(\xi)}{f'(\eta)}=\dfrac{e^{\xi}[g(\xi)+g'(\xi)]}{e^{\eta}}$.

分析: 原结论 $\Leftrightarrow\dfrac{f'(\xi)}{e^{\xi}[g(\xi)+g'(\xi)]}=\dfrac{f'(\eta)}{e^{\eta}}$,均将 η,ξ 看作变量,则上式可写成 $\dfrac{f'(\xi)}{[e^{\xi}g(\xi)]'}=\dfrac{f'(\eta)}{(e^{\eta})'}$,则辅助函数可令 $\varphi(x)=e^{x}g(x)$,$\psi(x)=e^{x}$.

证明: 令 $\varphi(x)=e^{x}g(x)$,则由题设可知 $f(x)$,$\varphi(x)$在$[a,b]$上满足柯西中值定理,于是 $\exists\xi\in(a,b)$,使得$\dfrac{f(b)-f(a)}{e^{b}g(b)-e^{a}g(a)}=\dfrac{f'(\xi)}{e^{\xi}[g(\xi)+g'(\xi)]}$.

$$\because g(b)=g(a)=1\quad\therefore\frac{f(b)-f(a)}{e^{b}-e^{a}}=\frac{f'(\xi)}{e^{\xi}[g(\xi)+g'(\xi)]}\tag{1}$$

又令 $\Psi(x)=e^{x}$,则由题设可知 $f(x)$,$\psi(x)$在$[a,b]$上满足柯西中值定理的条件,于是 $\exists\eta\in(a,b)$,有

$$\frac{f(b)-f(a)}{e^{b}-e^{a}}=\frac{f'(\eta)}{e^{\eta}}\tag{2}$$

由(1)(2)得,$\dfrac{f'(\eta)}{e^{\eta}}=\dfrac{f'(\xi)}{e^{\xi}[g(\xi)+g'(\xi)]}\Rightarrow\dfrac{f'(\xi)}{f'(\eta)}=\dfrac{e^{\xi}[g(\xi)+g'(\xi)]}{e^{\eta}}$.

例 3 设函数 $f(x)$满足 $f(0)=0$,$f''(x)<0$ 在$(0,+\infty)$成立,求证:对任何 $x_1>x_2>0$,有 $x_1f(x_2)>x_2f(x_1)$.

分析: 对任何 $x_1>x_2>0$ 有 $x_1f(x_2)>x_2f(x_1)\Leftrightarrow\dfrac{f(x_2)}{x_2}>\dfrac{f(x_1)}{x_1}\Leftrightarrow g(x)=\dfrac{f(x)}{x}$ 在$(0,+\infty)$内严格单调减少,可见只需 $g'(x)<0$ 在$(0,+\infty)$内成立.

证明: 令 $g(x)=\dfrac{f(x)}{x}$,于是 $g'(x)=\dfrac{xf'(x)-f(x)}{x^2}=\dfrac{f'(x)-\dfrac{f(x)}{x}}{x}$.

当 $x>0$ 时 $g'(x)$与 $f'(x)-\dfrac{f(x)}{x}$同号,由拉格朗日中值定理得 $\exists\xi\in(0,x)$,使得 $\dfrac{f(x)}{x}=\dfrac{f(x)-f(0)}{x-0}=f'(\xi)$,从而再用一次拉格朗日中值定理,可得 $f'(x)-\dfrac{f(x)}{x}=f'(x)-f'(\xi)=f''(\eta)(x-\xi)<0$,其中 $\xi<\eta<x$,即 $g'(x)<0$,则对任何 $x_1>x_2>0$,总有 $x_1f(x_2)>x_2f(x_1)$,原不等式成立.

A 类题

1. 证明恒等式 $\arctan\dfrac{1+x}{1-x}-\arctan x=\dfrac{\pi}{4}(-1<x<1)$.

2. 证明恒等式 $\arcsin x+\arccos x=\dfrac{\pi}{2}(-1\leqslant x\leqslant 1)$.

3. 设 $a_0+\dfrac{a_1}{2}+\dfrac{a_2}{3}+\cdots+\dfrac{a_n}{n+1}=0$，证明：在 $(0,1)$ 内方程 $a_0+a_1x+a_2x^2+\cdots+a_nx^n=0$ 至少有一个实根.

4. 若方程 $a_0x^n+a_1x^{n-1}+\cdots+a_{n-1}x=0$ 有一个正根 $x=x_0$，证明方程 $a_0nx^{n-1}+a_1(n-1)x^{n-2}+\cdots+a_{n-1}=0$ 必有一个小于 x_0 的正根.

5. 证明方程 $4ax^3+3bx^2+2cx=a+b+c$ 至少有一个小于 1 的正根.

6. 用拉格朗日中值定理证明：

(1) 若 $0<b\leqslant a$，则 $\dfrac{a-b}{a}\leqslant\ln\dfrac{a}{b}\leqslant\dfrac{a-b}{b}$；

(2) 若 $a>b>0,n>1$ 则 $nb^{n-1}(a-b)<a^n-b^n<na^{n-1}(a-b)$.

7.若函数 $f(x)$的导函数 $f'(x)$在闭区间$[a,b]$上连续,试证必存在常数 $l>0$,使任意 $x_1,x_2\in[a,b]$有$|f(x_2)-f(x_1)|\leqslant l|x_2-x_1|$成立.

8.证明 $x>0$ 时,不等式 $\ln(1+x)-\ln x>\dfrac{1}{1+x}$成立.

9.设 $0<a<b$,证明:$\exists\xi\in(a,b)$,使得 $b\mathrm{e}^a-a\mathrm{e}^b=(b-a)(1-\xi)\mathrm{e}^{\xi}$.

B 类题

1.设函数 $f(x)$在$[0,c]$内可导,且 $f'(x)$单调减少,$f(0)=0$,证明对 $0\leqslant a\leqslant b\leqslant a+b\leqslant c$,恒有 $f(a+b)\leqslant f(a)+f(b)$.

2. 设 $f(x)$，$g(x)$ 在 $[a,b]$ 上连续，在 (a,b) 内可导，且 $f(a)=f(b)=0$，证明存在 $c\in(a,b)$，使 $f'(c)+f(c)g'(c)=0$.

3. 证明方程 $x^5-5x+1=0$ 有且仅有一个小于1的正实根.

第二节　洛必达法则

这一节要求读者深刻理解洛必达法则使用的基本条件，并能熟练运用洛必达法则求解未定式极限的计算问题.

1. 理解洛必达的基本内容及使用条件；

2. 熟练运用洛必达法则，并综合运用以下方法进行未定式极限的计算：

1）函数的连续性与极限四则运算法则；

2）适当的恒等变形(如分子或分母的有理化、三角恒等式等)；

3）利用已知极限和等价无穷小代换；

4）利用换元法(即复合函数求极限法则).

例1　求 $\lim\limits_{x\to0^+}\dfrac{e^x-e^{\sin x}}{1-\cos\sqrt{x(1-\cos x)}}$.

分析：本题是求“$\dfrac{0}{0}$”型未定式的极限，从分子和分母的表达式不难发现，若直接利用洛必达法则会碰到复杂的计算，为了简化计算的过程，应当在分子和分母中分别进行适当的等价无穷小代换.

解： 当 $x\to 0$ 时，有 0，又 $e^x-e^{\sin x}=e^{\sin x}(e^{x-\sin x}-1)$，又 $e^{x-\sin x}-1\sim x-\sin x$，$\lim\limits_{x\to 0}e^{\sin x}=1$，于是分子可用$(x-\sin x)$代换.

当 $x\to 0$ 时，$\sqrt{x(1-\cos x)}$是无穷小量，于是分母作了等价无穷小代换，即

$1-\cos\sqrt{x(1-\cos x)}\sim\dfrac{1}{2}x(1-\cos x)\sim\dfrac{x}{2}\cdot\dfrac{x^2}{2}=\dfrac{x^3}{4}$，即得

$$\lim_{x\to 0^+}\frac{e^x-e^{\sin x}}{1-\cos\sqrt{x(1-\cos x)}}=\lim_{x\to 0^+}\frac{x-\sin x}{\frac{x^3}{4}}=4\lim_{x\to 0^+}\frac{x-\sin x}{x^3}=\frac{4}{3}\lim_{x\to 0^+}\frac{1-\cos x}{x^2}=\frac{2}{3}.$$

例 2 求$\lim\limits_{x\to 0}\dfrac{e^{-\frac{1}{x^2}}}{x^3}$.

分析： 尽管所求的极限是“$\dfrac{0}{0}$”型未定式，但直接用洛必达法则，不但不奏效，而且所得的形式更繁：$\lim\limits_{x\to 0}\dfrac{e^{-\frac{1}{x^2}}}{x^3}=\lim\limits_{x\to 0}\dfrac{e^{-\frac{1}{x^2}}\cdot\frac{2}{x^3}}{3x^2}=\dfrac{2}{3}\lim\limits_{x\to 0}\dfrac{e^{-\frac{1}{x^2}}}{x^5}$. 为此，作换元 $t=\dfrac{1}{x}$，把指数函数化简.

解： 令 $t=\dfrac{1}{x}$，则可得$\lim\limits_{x\to 0}\dfrac{e^{-\frac{1}{x^2}}}{x^3}=\lim\limits_{t\to\infty}\dfrac{t^3}{e^{t^2}}\overset{\frac{\infty}{\infty}}{=}\lim\limits_{t\to\infty}\dfrac{3t^2}{2te^{t^2}}=\dfrac{3}{2}\lim\limits_{t\to\infty}\dfrac{t}{e^{t^2}}\overset{\frac{\infty}{\infty}}{=}\dfrac{3}{2}\lim\limits_{t\to\infty}\dfrac{1}{2te^{t^2}}=0$.

注意： 若把题目改为求$\lim\limits_{x\to 0}\dfrac{e^{-\frac{1}{x^2}}}{x^{31}}$，经换元法化为求极限$\lim\limits_{t\to\infty}\dfrac{t^{31}}{e^{t^2}}$，再利用洛必达法则，会导致多次求导，所以要利用极限的四则运算法则化为$\lim\limits_{t\to\infty}\dfrac{t^{31}}{e^{t^2}}=\left(\lim\limits_{t\to\infty}\dfrac{t}{e^{\frac{t^2}{31}}}\right)^{31}$，就只对$\lim\limits_{t\to\infty}\dfrac{t}{e^{\frac{t^2}{31}}}$求一次导数了.

例 3 求$\lim\limits_{n\to\infty}\left[\tan\left(\dfrac{\pi}{4}-\dfrac{1}{n^2}\right)\right]^{n^2}$.

分析： 求数列极限不可以直接用洛必达法则，为了应用洛必达法则求本例中的极限，可引入函数极限$\lim\limits_{n\to\infty}\left[\tan\left(\dfrac{\pi}{4}-x\right)\right]^{\frac{1}{x}}$，而所求的数列极限是这个函数极限中变量 x 取数列$\left\{\dfrac{1}{n^2}\right\}$的特例.

解：考虑函数极限 $\lim\limits_{x\to 0}\left[\tan\left(\frac{\pi}{4}-x\right)\right]^{\frac{1}{x}}$，由洛必达法则可得 $\lim\limits_{x\to 0}\left[\tan\left(\frac{\pi}{4}-x\right)\right]^{\frac{1}{x}}=$ $e^{\lim\limits_{x\to 0}\frac{\ln\tan(\frac{\pi}{4}-x)}{x}}=e^{\lim\limits_{x\to 0}\frac{\tan(\frac{\pi}{4}-x)-1}{x}}=e^{\lim\limits_{x\to 0}\frac{-1}{\cos^2(\frac{\pi}{4}-x)}}=e^{-2}$，在上述极限中令 $x_n=\frac{1}{n^2}(n=1,2,\cdots)$，即得 $\lim\limits_{n\to\infty}[\tan(\frac{\pi}{4}-\frac{1}{n^2})]^{n^2}=\lim\limits_{n\to\infty}[\tan(\frac{\pi}{4}-x_n)]^{\frac{1}{x_n}}=e^{-2}$.

A 类题

1. 利用洛必达法则求极限：

(1) $\lim\limits_{x\to 0}\frac{\sin 5x}{x}$；

(2) $\lim\limits_{x\to 1}\frac{x^3+x^2-5x+3}{x^3-4x^2+5x-2}$；

(3) $\lim\limits_{x\to a}\frac{x^m-a^m}{x^n-a^n}$；

(4) $\lim\limits_{x\to 0}\frac{e^x-e^{-x}}{\sin x}$；

(5) $\lim\limits_{x\to 0}\frac{1-\cos^2 x^2}{x^2\sin x^2}$；

(6) $\lim\limits_{x\to \frac{\pi}{2}}\frac{\ln\sin x}{(\pi-2x)^2}$；

(7) $\lim\limits_{x\to 0^+}\dfrac{\ln x}{\ln\sin x}$;

(8) $\lim\limits_{x\to 0}\left(\dfrac{1}{x}-\dfrac{1}{e^x-1}\right)$;

(9) $\lim\limits_{x\to 0}\left(\cot x-\dfrac{1}{x}\right)$;

(10) $\lim\limits_{x\to 0}x\cot 2x$;

(11) $\lim\limits_{t\to\infty}\left(\cos\dfrac{x}{t}\right)^t$;

(12) $\lim\limits_{x\to 0}\left(\dfrac{\sin x}{x}\right)^{\frac{1}{x^2}}$;

(13) $\lim\limits_{x\to+\infty}\left(\dfrac{2}{\pi}\arctan x\right)^x$;

(14) $\lim\limits_{x\to 0}\dfrac{e^{-\frac{1}{x^2}}}{x^{100}}$.

2. 讨论函数 $f(x)=\begin{cases}\left(\dfrac{(1+x)^{\frac{1}{x}}}{e}\right)^{\frac{1}{x}}, & x>0\\ e^{-\frac{1}{2}}, & x\leqslant 0\end{cases}$ 在 $x=0$ 处的连续性.

3. 求数列极限 $\lim\limits_{n\to\infty} n\left[\dfrac{\mathrm{e}}{\left(1+\dfrac{1}{n}\right)^n}-1\right]$.

B 类题

1. 求极限 $\lim\limits_{x\to 0}\dfrac{\sin x\sin(2x)\cdots\sin(2010x)}{x^{2010}}$.

2. 求 $\lim\limits_{x\to 1}\dfrac{(1-x)(1-\sqrt{x})\cdots(1-\sqrt[n]{x})}{(1-x)^n}$.

3. 常数 a 等于多少时，$\lim\limits_{x\to 0}x^{-2}(\mathrm{e}^{ax}-\mathrm{e}^{x}-x)$存在，并求此极限.

4. 确定 a,b 的值，使 $\lim\limits_{x\to+\infty}\left(\sqrt{2x^2+4x-1}-ax-b\right)=0$.

5. 求极限 $\lim\limits_{x\to 0}\left(\dfrac{a_1^{\ x}+a_2^{\ x}+\cdots+a_n^{\ x}}{n}\right)^{\frac{1}{x}}$.

第三节　泰勒公式

本节要求读者了解泰勒中值定理的基本内容及含义，熟记常见函数的麦克劳林公式，能熟练运用泰勒中值定理进行有关中值问题的证明和计算.

1. 了解中值定理的基本内容；
2. 熟记常见函数的麦克劳林公式；
3. 熟练运用泰勒中值定理进行有关中值问题的证明和计算.

例 1　设函数 $f(x)$ 在 $[0,1]$ 上二阶可导，且 $f(0)=f'(0)=f'(1)=0, f(1)=1$，求证：$\exists\,\xi\in(0,1)$，使 $|f''(\xi)|\geqslant 4$.

分析： 本题条件中涉及到 $x=0$ 和 $x=1$ 处的函数值及导数值，且需要证明的结论里涉及到二阶导数，所以需要将函数在这两点处分别展开成带有拉格朗日型余项的一阶泰勒公式.

证明： 把函数 $f(x)$ 在 $x=0$ 展开成带有拉格朗日型余项的一阶泰勒公式，得 $f(x)=f(0)+f'(0)x+\dfrac{1}{2}f''(\eta_1)x^2\,(0<\eta_1<x)$，取 $x=\dfrac{1}{2}$，$f(\dfrac{1}{2})=\dfrac{1}{8}f''(\xi_1)\,(0<\xi_1<\dfrac{1}{2})$，把函数 $f(x)$ 在 $x=1$ 处展开成泰勒公式 $f(x)=f(1)+f'(1)(x-1)+\dfrac{1}{2}f''(\eta_2)(x-1)^2$ $(x<\eta_2<1)$，取 $x=\dfrac{1}{2}$，可得 $f(\dfrac{1}{2})=1+\dfrac{1}{8}f''(\xi_2)\;(\dfrac{1}{2}<\eta_2<1)$，两式相减消去 $f(\dfrac{1}{2})$，即得 $f''(\xi_1)-f''(\xi_2)=8\Rightarrow|f''(\xi_1)|+|f''(\xi_2)|\geqslant 8$，从而在 ξ_1 和 ξ_2 中至少有一个使得该点的二阶导数值的绝对值不小于 4，把该点取为 ξ，就有 $\xi\in(0,1)$，使 $|f''(\xi)|\geqslant 4$.

例 2　求 e^{-x^2} 的带皮亚诺型余项的麦克劳林公式.

分析: 在 e^{-x^2} 的麦克劳林公式中作换元,即用 $-x^2$ 代替 x,就得到了要求的公式.

解: $e^{-x^2}=1-\frac{x^2}{1!}+\frac{x^4}{2!}+\cdots+(-1)^n\frac{x^{2n}}{n!}+o(x^{2n})$.

例 3　设函数 $f(x)$ 在 $x=0$ 的某邻域中二阶可导,且 $\lim\limits_{x\to 0}\frac{2\sin x+xf(x)}{x^3}=0$,求 $f(0)$,$f'(0)$与 $f''(0)$的值.

分析: 利用 $\sin x$ 和 $f(x)$的麦克劳林公式 $\sin x=x-\frac{x^3}{6}+o(x^3)$.

解: $f(x)=f(0)+f'(0)x+\frac{1}{2}f''(0)x^2+o(x^2)$,代入可得

$$0=\lim_{x\to 0}\frac{2\sin x+xf(x)}{x^3}=\lim_{x\to 0}\frac{[2+f(0)]x+f'(0)x^2+[\frac{1}{2}f''(0)-\frac{1}{3}]x^3+o(x^3)}{x^3}$$

$$=\lim_{x\to 0}\left[\frac{2+f(0)}{x^2}+\frac{f'(0)}{x}\right]+\frac{1}{2}f''(0)-\frac{1}{3},$$

于是 $f(0)+2=0$,$f'(0)=0$,$\frac{1}{2}f''(0)-\frac{1}{3}=0$,即 $f(0)=-2$,$f'(0)=0$,$f''(0)=\frac{2}{3}$.

A 类题

1. 按$(x-4)$的乘幂展开多项式 $x^4-5x^3+x^2-3x+4$.

2. 当 $x_0=-1$ 时,求函数 $y=\frac{1}{x}$的 n 阶泰勒展开式.

3. 当 $x_0=0$ 时,求函数 $f(x)=\arcsin x$ 的三阶泰勒展开式.

4. 将函数 $y=\ln\frac{1+x}{1-x}$在点 $x_0=0$ 处展开到 x^{2n} 的项.

5. 设 $f(x)$在 $x=a$ 处具有二阶导数,$f'(a)\neq 0$,求$\lim\limits_{x\to a}\left[\frac{1}{f(x)-f(a)}-\frac{1}{(x-a)f'(a)}\right]$.

6. 设函数 $f(x)=\ln(1-x^2)$,$g(x)=\ln(1+x^2)$,求它们的 $2n$ 阶麦克劳林公式.

7. 已知 $\lim\limits_{x\to 0}\frac{\sin 5x+xf(x)}{x^3}=\frac{1}{6}$, 求极限 $\lim\limits_{x\to 0}\frac{5+f(x)}{x^2}$.

8. 求极限 $\lim\limits_{x\to 0}\frac{(1+\alpha x)^{\beta}-(1+\beta x)^{\alpha}}{x^2}$.

B 类题

1. 设 $f(x)$ 在 $[a,b]$ 上 n 次可导，$f^{(k)}(a)=0$，$f(b)=0$，$k=0,1,\cdots,n-1$，试证存在 $c\in(a,b)$，使 $f^{(n)}(c)=0$.

2. 设 $f(x)$ 具有三阶连续导数，且 $\lim\limits_{x\to 0}\dfrac{f(x)}{x^3}=1$.

(1)试写出 $f(x)$ 的带有拉格朗日余项的二阶麦克劳林公式，证明：若 $f(1)=0$，则在 $(0,1)$ 内至少存在一点 ξ，使 $f'''(\xi)=0$；

(2)点 $(0,0)$ 是否为曲线 $y=f(x)$ 的拐点？试说明理由.

3. 求函数 $f(x)=x^2e^x$ 的高阶导数 $f^{(2010)}(0)$.

第四节 函数的单调性与曲线的凹凸性

本节要求读者掌握函数单调性的判定方法、单调区间的求法,以及曲线凹凸性的判定方法和拐点的求法.

1. 掌握利用导数的符号判定函数单调性的方法,单调区间的求法;
2. 掌握利用定义或导数符号判定函数图形凹凸性的方法,拐点的求法.

例 1 证明:当 $0<x<1$ 时,$\sqrt{\dfrac{1-x}{1+x}}<\dfrac{\ln(1+x)}{\arcsin x}$.

分析: 若令 $f(x)=\dfrac{\ln(1+x)}{\arcsin x}-\sqrt{\dfrac{1-x}{1+x}}$,那么在求 $f'(x)$ 的时候会很复杂. 因此作变形 $\sqrt{\dfrac{1-x}{1+x}}<\dfrac{\ln(1+x)}{\arcsin x}\Leftrightarrow\dfrac{\sqrt{1-x^2}}{1+x}<\dfrac{\ln(1+x)}{\arcsin x}\Leftrightarrow\sqrt{1-x^2}\arcsin x<(1+x)\ln(1+x)$.

证明: 令 $f(x)=(1+x)\ln(1+x)-\sqrt{1-x^2}\arcsin x$, $f(0)=0$,

$\because$ $f'(x)=\ln(1+x)+1+\dfrac{x}{\sqrt{1-x^2}}\arcsin x-1=\ln(1+x)+\dfrac{x}{\sqrt{1-x^2}}\arcsin x>0$

$\therefore$ $f(x)$ 单调递增,故当 $0<x<1$ 时,$f(x)>f(0)=0$,即 $(1+x)\ln(1+x)-\sqrt{1-x^2}\arcsin x>0$,则得 $\sqrt{\dfrac{1-x}{1+x}}<\dfrac{\ln(1+x)}{\arcsin x}$.

例 2 函数 $f(x)=\begin{cases}\dfrac{\ln(1+x)}{x}, & -1<x<0\\ 1-x, & x\geqslant 0\end{cases}$ 的单调减少区间是____________.

分析: 由 $f(x)$ 的分段表示知,$f(x)$ 分别在 $(-1,0)$ 和 $[0,+\infty)$ 连续,又有 $\lim\limits_{x\to0^-}f(x)=\lim\limits_{x\to0^-}\dfrac{\ln(1+x)}{x}=1=f(0)$,$\lim\limits_{x\to0^+}f(x)=\lim\limits_{x\to0^+}(1-x)=1=f(0)$ 即 $f(x)$ 在 $x=0$ 是左连续的也是右连续的,故 $f(x)$ 在 $(-1,+\infty)$ 上连续.

计算导函数,得 $f'(x)=\begin{cases}\dfrac{x-(1+x)\ln(1+x)}{x^2(1+x)}, & -1<x<0\\ -1, & x>0\end{cases}$,引入函数 $g(x)=x-$

$(1+x)\ln(1+x)$，则 $g(0)=0$，且 $g'(x)=-\ln(1+x)>0$，当 $-1<x<0$ 时成立，这表明当 $-1<x<0$ 时，$g(x)<g(0)=0$ 成立，由此可见当 $-1<x<0$ 时，$f'(x)<0$ 也成立. 由 $f(x)$ 在 $(-1,0]$ 上连续，且 $f'(x)<0$ 在 $(-1,0)$ 成立，知 $f(x)$ 在 $(-1,0]$ 上单调减少，同理 $f(x)$ 在 $[0,+\infty)$ 上也单调减少，则 $f(x)$ 的单调减少区间为 $(-1,+\infty)$.

注意：把本题的结论一般化，可得：①若函数 $f(x)$ 分别在 $[a,c]$ 和 $[c,b]$ 上或在 $((a,c]$ 和 $[c,b)$ 内）单调增加，则 $f(x)$ 必在 $[a,b]$ 上（或 (a,b) 内）单调增加. 对单调减少也有类似的结论.

②若函数 $f(x)$ 在 (a,b) 上（或在 $[a,b]$ 上）连续，在 (a,b) 内除最多有限个点外均满足 $f'(x)>0$（或 <0），则 $f(x)$ 必在 (a,b) 上（或 $[a,b]$ 上）单调增加（或单调减少）.

本题中的连续分段函数 $f(x)$ 在 $x=0$ 处不可导，因为 $f'_-(0)=\lim\limits_{x\to0^-}\dfrac{f(x)-f(0)}{x}=\lim\limits_{x\to0^-}\dfrac{\ln(1+x)-x}{x^2}=-\dfrac{1}{2}$，而 $f'_+(0)=-1$，即两者存在但不相等，但除 $x=0$ 外在 $(-1,+\infty)$ 上 $f'(x)<0$，故 $f(x)$ 在 $(-1,+\infty)$ 上单调减少.

例 3　求函数 $f(x)=xe^x$ 的凹凸区间与拐点.

分析：根据曲线凹凸性的判别定理及拐点的定义，需要先求出函数的二阶导数，然后根据二阶导数符号的变化情况来判定函数的凹凸区间，并找出函数图形的拐点.

解：数 $f(x)=xe^x$ 在定义域 $(-\infty,+\infty)$ 内连续，而且 $f'(x)=(x+1)e^x$，$f''(x)=(x+2)e^x$. 显然在 $x=-2$ 时，$f''(-2)=0$. 当 $x<-2$ 时，$f''(x)<0$，所以，函数 $f(x)=xe^x$ 在 $x<-2$ 时是凸的；同理，函数 $f(x)=xe^x$ 在 $x>-2$ 时是凹的. 从而，$x=-2$ 是函数 $f(x)=xe^x$ 的拐点.

A 类题

1. 证明函数 $y=\sqrt{2x-x^2}$ 在区间 $(0,1)$ 上单调增加，而在区间 $(1,2)$ 上单调减少.

2. 证明函数 $y=\frac{x^2-1}{x}$ 在不包括 $x=0$ 的任何区间内都是增加的.

3. 设 $f(x)$ 在 $[0,a]$ $(a>0)$ 上二阶可导,且 $f''(x)>0$, $f(0)=0$,试证明 $\varphi(x)=\frac{f(x)}{x}$ 在 $[0,a]$ 上单调增加.

4. 证明下列不等式:

(1) $\ln(1+x)\geqslant\frac{\arctan x}{1+x}$, $x\geqslant0$;

(2) $1+x\ln(x+\sqrt{1+x^2})>\sqrt{1+x^2}$, $x>0$.

(3) 设 $e<a<b<e^2$,证明: $\ln^2 b-\ln^2 a>\frac{4}{e^2}(b-a)$.

5. 求下列函数的凸凹区间与拐点:

(1) $y=\ln(x^2+1)$;

(2) $y=e^{\arctan x}$.

6. 证明当 $k>0$ 时，方程 $4x^6+x^2-k=0$ 恰有两个实根.

7. 利用函数图形的凸凹性证明下列不等式：

(1) $\frac{1}{2}(x^n+y^n)>\left(\frac{x+y}{2}\right)^n$，$(x>0,y>0,n>1)$.

(2) $x\ln x+y\ln y>(x+y)\ln\frac{x+y}{2}$，$(x>0,y>0)$.

8. 试求 $y=k(x^2-3)^2$ 中 k 的值，使曲线在拐点处的法线通过原点.

B 类题

1. 证明方程 $x^n+x^{n-1}+\cdots+x^2+x=1(n\geqslant 2)$，在 $(0,1)$ 内存在唯一实根 x_n，并求 $\lim\limits_{n\to\infty}x_n$.

2. 证明曲线 $y=\frac{x+1}{x^2+1}$ 有 3 个拐点位于同一直线上.

3. 试确定一个三次多项式 $f(x)$，使曲线 $y=f(x)$ 在 $x=0$ 处有极值 $y=0$，且(1,1)是其拐点.

4. 设曲线 L 的方程为 $y=f(x)$，且 $y''>0$，又 T,P 分别为该曲线在点 $M(x_0,y_0)$ 处的切线和法线上的一点。已知线段 MP 的长度为 $\frac{(1+y_0'^2)^{\frac{3}{2}}}{y_0''}$ (其中 $y_0'=y'(x_0)$，$y_0''=y''(x_0)$)，试推导出点 $P(\xi,\eta)$ 的坐标表达式.

第五节　函数的极值与最大值最小值

本节要求读者掌握函数极值和最值的判定方法，及其求法.

1. 了解函数极值存在的必要条件；
2. 掌握函数极值判定的第一充分条件、第二充分条件；
3. 熟练掌握函数极值的求解方法；
4. 掌握函数最值和函数极值的区别与联系，以及函数最值的求法.

例 1　设 $f(x)=\dfrac{x^3}{(2+x)^2}+4$，求函数的单调区间和极值，并求曲线 $y=f(x)$ 的凹凸区间，拐点.

分析： 先需要求出函数的一阶和二阶导数，然后根据一阶和二阶导数的符号将函数的定义域分成若干个子区间，并分析每个子区间函数的一阶和二阶导数的变化情况，然后根据函数极值、曲线凹凸性的判别定理找出函数的单调区间、凹凸区间，以及相应的极值点、拐点.

解： $f(x)$ 的定义域为 $D=\{x\mid x\neq -2\}$，无奇偶性，对称性及周期性. 由 $f'(x)=\dfrac{x^2(6+x)}{(2+x)^3}=0\Rightarrow$ 驻点 $x_1=0$ 和 $x_2=-6$，而 $f''(x)=\dfrac{24x}{(2+x)^4}\Rightarrow$ 在 $x_1=0$ 处 $f''(x)=0$，$y=f(x)$ 的性态，如下表所示：

x	$(-\infty,-6)$	-6	$(-6,-2)$	-2	$(-2,0)$	0	$(0,+\infty)$
$f'(x)$	$+$	0	$-$		$+$	0	$+$
$f''(x)$	$-$	$-$	$-$		$-$	0	$+$
$y=f(x)$	单增，凸	极大值	单减，凸		单增，凸	拐点	单增，凹

即 $f(x)$ 分别在 $(-\infty,-6]$，$(-2,+\infty)$ 单调增加，在 $[-6,-2)$ 单调减少，$f(-6)=-\dfrac{19}{2}$ 是 $f(x)$ 的极大值. 曲线 $y=f(x)$ 在 $(-\infty,-2)$，$(-2,0]$ 分别是凸弧；在 $[0,+\infty)$ 是

凹弧,点(0,4)是曲线 $y=f(x)$的拐点.

例 2 求函数 $f(x)=x+2\cos x$ 在$[0,\frac{\pi}{2}]$上的最大值和最小值.

分析: 先求出函数 $f(x)=x+2\cos x$ 的驻点(为可能的最值点),然后将驻点处的函数值与区间$[0,\frac{\pi}{2}]$的端点 $x=0$ 和 $x=\frac{\pi}{2}$处的函数值进行比较,最大的即为函数 $f(x)=x+2\cos x$ 在$[0,\frac{\pi}{2}]$上的最大值,最小的即为函数 $f(x)=x+2\cos x$ 在$[0,\frac{\pi}{2}]$上的最小值.

解: 因 $f'(x)=1-2\sin x$,令 $f'(x)=0$ 可得 $\sin x=\frac{1}{2}$,即 $f(x)$在$(0,\frac{\pi}{2})$内有唯一的驻点 $x=\frac{\pi}{6}$,且 $f(\frac{\pi}{6})=\frac{\pi}{6}+2\cdot\frac{\sqrt{3}}{2}=\frac{\pi}{6}+\sqrt{3}$,又在端点 $x=0$ 和 $x=\frac{\pi}{2}$处 $f(0)=2$,$f(\frac{\pi}{2})=\frac{\pi}{2}$,比较可得 $f(\frac{\pi}{2})<f(0)<f(\frac{\pi}{6})$,故 $f(x)=x+2\cos x$ 在$[0,\frac{\pi}{2}]$上的最大值为 $M=f(\frac{\pi}{6})=\frac{\pi}{6}+\sqrt{3}$,最小值为 $m=f(\frac{\pi}{2})=\frac{\pi}{2}$.

注意:求闭区间$[a,b]$上的连续函数 $f(x)$的最大值和最小值的步骤是:

(1) 求出 $f(x)$在(a,b)内各驻点和不可导点处的函数值;

(2) 求出 $f(a)$和 $f(b)$;

(3) 比较(1)和(2)中所得的函数值,其中最大和最小的分别即为闭区间$[a,b]$上的连续函数 $f(x)$的最大值和最小值.

常会遇见 $f(x)$在(a,b)内可导且只有唯一的驻点的情形,这时从 $f'(x)$在该点两侧符号的变化不难得出:若该点是极小值点,则必为 $f(x)$在$[a,b]$上的最小值点,若该点是极大值点,则必为 $f(x)$在$[a,b]$上的最大值点.

A 类题

1. 求函数的极值:$y=x+\sqrt{1-x}$.

2.求下列函数在所给区间上的最大值和最小值：

（1）$y=x+2\sqrt{x}$，$0\leqslant x\leqslant 4$；

（2）$y=x^{x}$，$0.1\leqslant x<+\infty$.

3.试问 a 为何值时，函数 $y=a\sin x+\frac{1}{3}\sin 3x$ 在 $x=\frac{\pi}{3}$ 处取得极值，它是极大还是极小？并求此极值.

4.设函数 $f(x)=x^{5}+ax^{3}+bx$ 在 $x=1$ 处取得极值为 56，求 $f(x)$.

5.周长为 a 的铁丝切成两段，一段围成正方形，另一段围成圆形，这两段铁丝各为多长时，正方形和圆形面积之和为最小.

6.设扇形的周长 p 为常数，问扇形的半径为何值时，扇形的面积最大.

第六节　函数图形的描绘

本节要求读者熟悉描绘函数图形的一般步骤,并会求函数图形的渐近线,并画出函数图形.

1. 熟悉描绘函数图形的一般步骤;

2. 会求函数图形的水平渐近线、垂直渐近线、斜渐近线;

3. 会画出函数图形.

例 1　作出函数 $f(x)=xe^x$ 的图形.

分析: 要作出函数 $f(x)=xe^x$ 的图形,需要确定其单调区间与极值点、凹凸区间与拐点,以及函数图形的渐近线.

解:

(1) 确定函数定义域. 函数 $f(x)=xe^x$ 在定义域$(-\infty,+\infty)$内连续.

(2) 确定渐近线. 由于 $\lim\limits_{x\to-\infty}f(x)=\lim\limits_{x\to-\infty}xe^x=0$,因此具有水平渐近线 $y=0$. 不存在铅直渐近线和斜渐近线.

(3) 确定单调区间,凹凸区间,极值点与拐点,由 $f'(x)=(x+1)e^x$,$f''(x)=(x+2)e^x$,可知函数在 $x<-1$ 时为单调减;在 $x>-1$ 时为单调增,$x=-1$ 为函数的极小值点. 所以,$x=-2$ 是函数 $f(x)=xe^x$ 的拐点,函数 $f(x)=xe^x$ 在 $x<-2$ 时是凸的;在 $x>-2$ 时是凹的.

(4) 列表:

x	$(-\infty,-2)$	-2	$(-2,-1)$	-1	$(-1,+\infty)$
y'	$-$		$-$	0	$+$
y''	$-$	0	$+$	$+$	$+$
y	单调减少、凸段	拐点	单调减少、凹段	极小值点	单调增加、凹段

(5) 画图:

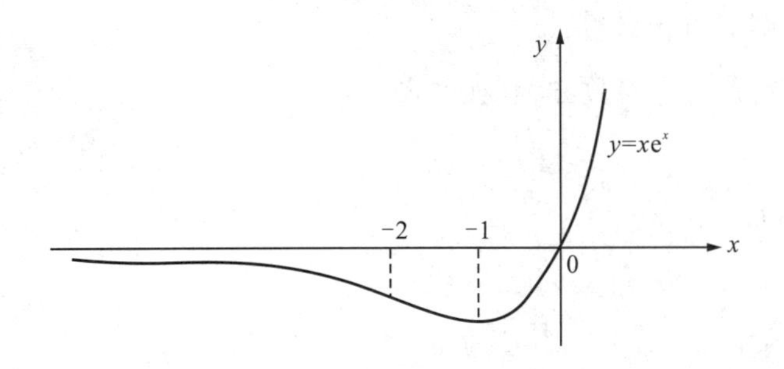

A 类题

选择题：

(1) 三次曲线 $y=x^3+3ax^2+3bx+c$ 在点 $x=-1$ 处取得极大值，点(0,3)是拐点，则(　　).

A. $a=-1,b=0,c=3$　　　　B. $a=0,b=-1,c=3$

C. $a=3,b=-1,c=0$　　　　D. 以上都不对

(2) 设曲线 $y=\dfrac{1+e^{-x^2}}{1-e^{-x^2}}$，则该曲线(　　).

A. 没有渐近线　　　　B. 仅有水平渐近线

C. 仅有垂直渐近线　　　　D. 既有水平又有垂直渐近线

第七节　曲率

本节要求读者了解弧微分的概念，曲率的含义及其计算.

1. 了解弧微分的概念、计算公式；
2. 了解曲率的含义、计算公式；
3. 了解曲率圆的概念、曲率半径的计算公式.

例 1　证明圆周曲线 $x^2+y^2=R^2$ 在任意点处的曲率恒为 $K=\dfrac{1}{R}$.

分析：由于曲率的计算需要计算一阶和二阶导数，因此将圆周的方程表示成参数方

程或者极坐标方程则更方便计算.

解：将曲线方程表示为参数方程(如右图)：

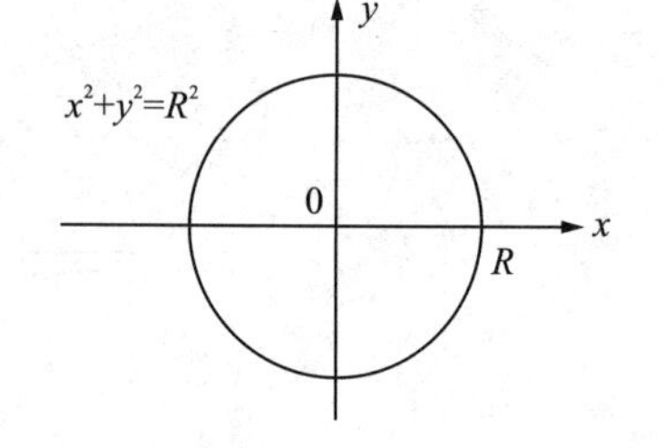

$$\begin{cases} x = R\cos\theta, \\ y = R\sin\theta, \end{cases}$$

则

$$\begin{cases} x' = -R\sin\theta, \\ y' = R\cos\theta, \end{cases} \qquad \begin{cases} x'' = -R\cos\theta, \\ y'' = -R\sin\theta. \end{cases}$$

代入曲率计算公式得：

$$K = \frac{|x'(t)y''(t) - x''(t)y'(t)|}{(\sqrt{x'(t)^2 + y'(t)^2})^3} = \frac{|R^2 \sin^2\theta + R^2 \cos^2\theta|}{(\sqrt{R^2 \cos^2\theta + R^2 \sin^2\theta})^3} = \frac{R^2}{R^3} = \frac{1}{R}.$$

若用极坐标方程会更简单，这时 $r = R, r' = 0, r'' = 0$，代入公式，即得 $K = \dfrac{1}{R}$.

A类题

求已知曲线在指定点处的曲率：

(1) 抛物线 $y = 4x - x^2$ 在点(2,2)处；

(2) $\begin{cases} x = a\cos^3 t \\ y = a\sin^3 t \end{cases}$ 在 $t = t_0$ 处.

第五章　定积分

本章需要读者理解定积分的概念和性质、几何意义、物理意义及理解积分上限的函数,并掌握其求导法则,掌握牛顿-莱布尼兹公式,掌握定积分的换元法和分布积分法,理解反常积分(广义积分)的概念,会计算反常积分,了解反常积分的审敛法,并了解定积分的近似计算方法.

第一节　定积分概念与性质

本节要求读者在引例的基础上理解定积分的概念,掌握定积分的各种性质.理解函数的可积性条件,掌握不定积分与变限定积分的关系以及定积分的基本定理.

1. 定积分的概念和性质,特别是积分中值定理;
2. 会用定积分的定义求一些特殊形式和的极限;
3. 函数在闭区间上可积的条件.

典型例题

例 1　$\int_0^2 \sqrt{2x-x^2}\,\mathrm{d}x =$ ____________________.

解法 1: 由定积分的几何意义知,$\int_0^2 \sqrt{2x-x^2}\,\mathrm{d}x$ 等于上半圆周 $(x-1)^2+y^2=1(y\geqslant 0)$ 与 x 轴所围成的图形的面积.故 $\int_0^2 \sqrt{2x-x^2}\,\mathrm{d}x=\frac{\pi}{2}$.

解法 2: 本题也可直接用换元法求解.令 $x-1=\sin t\left(-\frac{\pi}{2}\leqslant t\leqslant\frac{\pi}{2}\right)$,则

$$\int_0^2 \sqrt{2x-x^2}\,\mathrm{d}x=\int_{-\frac{\pi}{2}}^{\frac{\pi}{2}} \sqrt{1-\sin^2 t}\cos t\,\mathrm{d}t=2\int_0^{\frac{\pi}{2}} \sqrt{1-\sin^2 t}\cos t\,\mathrm{d}t$$

$$=2\int_0^{\frac{\pi}{2}}\cos^2 t\,dt=\frac{\pi}{2}$$

例 2 比较 $\int_2^1 e^x\,dx$,$\int_2^1 e^{x^2}\,dx$,$\int_2^1(1+x)\,dx$.

证明: 对于定积分的大小比较,可以先算出定积分的值再比较大小,而在无法求出积分值时,则只能利用定积分的性质,通过比较被积函数之间的大小来确定积分值的大小.

解法 1: 在[1,2]上,有 $e^x\leqslant e^{x^2}$.而令 $f(x)=e^x-(x+1)$,则 $f'(x)=e^x-1$.当 $x>0$ 时,$f'(x)>0$,$f(x)$在$(0,+\infty)$上单调递增,从而 $f(x)>f(0)$,可知在[1,2]上,有 $e^x>1+x$.又 $\int_2^1 f(x)\,dx=-\int_1^2 f(x)\,dx$,从而有$\int_2^1(1+x)\,dx>\int_2^1 e^x\,dx>\int_2^1 e^{x^2}\,dx$.

解法 2: 在[1,2]上,有 $e^x\leqslant e^{x^2}$.由泰勒中值定理 $e^x=1+x+\frac{e^{\xi}}{2!}x^2$ 得 $e^x>1+x$.注意到 $\int_2^1 f(x)\,dx=-\int_1^2 f(x)\,dx$. 因此

$$\int_2^1(1+x)\,dx>\int_2^1 e^x\,dx>\int_2^1 e^{x^2}\,dx.$$

例 3 估计定积分 $\int_2^0 e^{x^2-x}\,dx$ 的值.

分析: 要估计定积分的值,关键在于确定被积函数在积分区间上的最大值与最小值.

解: 设 $f(x)=e^{x^2-x}$,因为 $f'(x)=e^{x^2-x}(2x-1)$,令 $f'(x)=0$,求得驻点 $x=\frac{1}{2}$,而

$$f(0)=e^0=1,\ f(2)=e^2,\ f\left(\frac{1}{2}\right)=e^{-\frac{1}{4}},$$

故

$$e^{-\frac{1}{4}}\leqslant f(x)\leqslant e^2,\ x\in[0,2],$$

从而

$$2e^{-\frac{1}{4}}\leqslant\int_0^2 e^{x^2-x}\,dx\leqslant 2e^2,$$

所以

$$-2e^2\leqslant\int_2^0 e^{x^2-x}\,dx\leqslant-2e^{-\frac{1}{4}}.$$

例 4 求$\lim\limits_{n\to\infty}\frac{1}{n^2}(\sqrt[3]{n^2}+\sqrt[3]{2n^2}+\cdots+\sqrt[3]{n^3})$.

分析: 将这类问题转化为定积分主要是确定被积函数和积分上下限.若对题目中被

积函数难以想到，可采取如下方法：先对区间[0,1]n 等分写出积分和，再与所求极限相比较来找出被积函数与积分上下限.

解： 将区间[0,1]n 等分，则每个小区间长为 $\Delta x_i=\frac{1}{n}$，然后把$\frac{1}{n^2}=\frac{1}{n}\cdot\frac{1}{n}$的一个因子$\frac{1}{n}$乘入和式中各项. 于是将所求极限转化为求定积分. 即

$$\lim_{n\to\infty}\frac{1}{n^2}(\sqrt[3]{n^2}+\sqrt[3]{2n^2}+\cdots+\sqrt[3]{n^3})=\lim_{n\to\infty}\frac{1}{n}(\sqrt[3]{\frac{1}{n}}+\sqrt[3]{\frac{2}{n}}+\cdots+\sqrt[3]{\frac{n}{n}})$$

$$=\int_0^1\sqrt[3]{x}\,\mathrm{d}x=\frac{3}{4}.$$

A 类题

1. 利用定积分的几何意义，说明下列等式：

(1) $\int_0^1\sqrt{1-x^2}\,\mathrm{d}x=\frac{\pi}{4}$；

(2) $\int_{-\frac{\pi}{2}}^{\frac{\pi}{2}}\cos x\,\mathrm{d}x=2\int_0^{\frac{\pi}{2}}\cos x\,\mathrm{d}x$；

(3) $\int_{-\pi}^{\pi}\sin x\,\mathrm{d}x=0$；

2. 比较 $\int_0^1 x^2\mathrm{d}x$ 与 $\int_0^1 x^3\mathrm{d}x$ 的大小.

3. 估计$\int_1^4(1+x^2)\mathrm{d}x$积分值.

4. 计算$\lim\limits_{x\to a}\dfrac{1}{x-a}\int_a^x f(t)\mathrm{d}t$，其中$f(x)$是连续函数.

5. 用定积分定义计算：$\int_0^1 x\,\mathrm{d}x$.

6. 比较$\int_0^1 \mathrm{e}^x\mathrm{d}x$与$\int_0^1(1+x)\mathrm{d}x$的大小.

第二节　微积分基本公式

本节要求读者掌握定积分的基本计算方法：牛顿-莱布尼兹公式，变上下限积分的求导原则以及原函数存在定理.

1. 变上限积分及其导数的求法，有关变上限积分的极限问题；
2. 理解并熟练应用牛顿-莱布尼兹公式.

例 1 (1)若 $f(x)=\int_{x}^{x^2} e^{-t^2}dt$,则 $f'(x)=$______________;

(2)若 $f(x)=\int_{0}^{x} xf(t)dt$,求 $f'(x)=$______________.

分析: 这是求变限函数导数的问题,利用下面的公式即可

$$\frac{d}{dx}\int_{u(x)}^{v(x)} f(t)dt = f[v(x)]v'(x) - f[u(x)]u'(x).$$

解:

(1) $f'(x)=2xe^{-x^4}-e^{-x^2}$;

(2) 由于在被积函数中 x 不是积分变量,故可提到积分号外即 $f(x)=x\int_{0}^{x} f(t)dt$,则可得

$$f'(x)=\int_{0}^{x} f(t)dt + xf(x).$$

例 2 求 $\lim\limits_{x\to 0}\dfrac{\int_{0}^{x^2}\sin^2 t\,dt}{\int_{x}^{0} t(t-\sin t)dt}$.

分析: 该极限属于"$\dfrac{0}{0}$"型未定式,可用洛必达法则.

解: $\lim\limits_{x\to 0}\dfrac{\int_{0}^{x^2}\sin^2 t\,dt}{\int_{x}^{0} t(t-\sin t)dt}=\lim\limits_{x\to 0}\dfrac{2x(\sin x^2)^2}{(-1)\cdot x\cdot(x-\sin x)}=(-2)\cdot\lim\limits_{x\to 0}\dfrac{(x^2)^2}{x-\sin x}$

$$=(-2)\cdot\lim_{x\to 0}\frac{4x^3}{1-\cos x}=(-2)\cdot\lim_{x\to 0}\frac{12x^2}{\sin x}=0.$$

注:此处利用等价无穷小替换和多次应用洛必达法则.

例 3 设 $f(x)=\begin{cases}3x^2, & 0\leqslant x<1,\\ 5-2x & 1\leqslant x\leqslant 2,\end{cases}$ $F(x)=\int_{0}^{x} f(t)dt$,$0\leqslant x\leqslant 2$,求 $F(x)$,并讨论 $F(x)$的连续性.

分析: 由于 $f(x)$是分段函数,故对 $F(x)$也要分段讨论.

解: (1)求 $F(x)$的表达式.

$F(x)$的定义域为$[0,2]$. 当 $x\in[0,1]$时,$[0,x]\subset[0,1]$,因此

$$F(x)=\int_0^x f(t)\mathrm{d}t=\int_0^x 3t^2\mathrm{d}t=[t^3]\Big|_0^x=x^3.$$

当 $x\in(1,2]$时,$[0,x]=[0,1]\cup[1,x]$,因此,则

$$F(x)=\int_0^1 3t^2\mathrm{d}t+\int_1^x(5-2t)\mathrm{d}t=[t^3]\Big|_0^1+[5t-t^2]\Big|_1^x=-3+5x-x^2,$$

故 $$F(x)=\begin{cases}x^3, & 0\leqslant x<1,\\ -3+5x-x^2, & 1\leqslant x\leqslant 2.\end{cases}$$

(2) $F(x)$在$[0,1)$及$(1,2]$上连续,在 $x=1$ 处,由于 $\lim\limits_{x\to1^+}F(x)=\lim\limits_{x\to1^+}(-3+5x-x^2)=1$,$\lim\limits_{x\to1^-}F(x)=\lim\limits_{x\to1^-}x^3=1$,$F(1)=1$.

因此,$F(x)$在 $x=1$ 处连续,从而 $F(x)$在$[0,2]$上连续.

A 类题

1. 计算下列各题:

(1) $\lim\limits_{x\to0}\dfrac{\int_0^x \cos t^2\mathrm{d}t}{x}$

(2) $\lim\limits_{x\to+\infty}\dfrac{\int_0^x(\arctan t)^2\mathrm{d}t}{\sqrt{x^2+1}}$;

(3) $\dfrac{\mathrm{d}}{\mathrm{d}x}\int_0^{x^2}\sqrt{1+t^2}\,\mathrm{d}t$;

(4) $\dfrac{\mathrm{d}}{\mathrm{d}x}\int_0^{x^2}\sqrt{x}\cos t^2\mathrm{d}t$.

2. 当 $x=0$ 及 $x=\dfrac{\pi}{4}$时,分别求函数 $y=\int_0^x \sin t\,\mathrm{d}t$ 的导数.

3. 求由参数表达式 $x=\int_0^t \sin u\,\mathrm{d}u$，$y=\int_0^t \cos u\,\mathrm{d}u$ 所确定的函数 y 对 x 的导数.

4. 求由 $\int_0^y \mathrm{e}^{-t^2}\mathrm{d}t+\int_0^x \cos t^2\,\mathrm{d}t=0$ 所确定的隐函数 y 对 x 的导数 $\frac{\mathrm{d}y}{\mathrm{d}x}$.

5. 当 x 为何值时，函数 $I(x)=\int_0^x t\mathrm{e}^{-t^2}\mathrm{d}t$ 有极值.

6. 计算下列积分：

(1) $\int_4^9 \sqrt{x}(1+\sqrt{x})\mathrm{d}x$；

(2) $\int_{-\frac{1}{2}}^{\frac{1}{2}} \frac{1}{\sqrt{1-x^2}}\mathrm{d}x$；

(3) $\int_1^{\mathrm{e}} \frac{1+\ln x}{x}\mathrm{d}x$；

(4) $\int_{-1}^0 \frac{3x^4+3x^2+1}{x^2+1}\mathrm{d}x$；

(5) $\int_{0}^{\frac{\pi}{4}} \tan^{2} x \, dx$ ；

(6) $\int_{0}^{2\pi} |\sin x| \, dx$ ；

(7) $f(x)=\begin{cases} x+1, & x \leqslant 1 \\ \dfrac{x^{2}}{2}, & x>1 \end{cases}$ ，求 $\int_{0}^{2} f(x) \, dx$ ；

(8) $\int_{0}^{\frac{\pi}{2}} |\sin x-\cos x| \, dx$.

7. 设 k 及 l 为正整数，且 $k \neq l$，证明下列各式：

(1) $\int_{-\pi}^{\pi} \cos^{2} k x \, dx=\pi$ ；

(2) $\int_{-\pi}^{\pi} \cos k x \cos l x \, dx=0$；

(3) $\int_{-\pi}^{\pi} \cos k x \sin l x \, dx=0$.

第三节　定积分的换元法与分部积分法

本节要求读者熟练运用定积分的换元积分法(在定积分作变量替换时,一定要同时更换积分的上下限).要求读者清楚在不同类型中,如何选择第一换元积分法(凑微分法)和第二换元积分法.

1. 定积分的两类换元法,并注意和不定积分的对应换元法在具体做法上的区别与联系;

2. 定积分的分部积分法,也注意和不定积分的分部积分法的区别和联系;

3. 在证明有关定积分的等式问题中,需要选择合适的换元法,此时要根据被积函数和积分上下限共同决定该怎样做换元.

例 1　计算$\int_{-1}^{1}\frac{2x^2+x}{1+\sqrt{1-x^2}}\mathrm{d}x$.

分析:由于积分区间关于原点对称,因此首先应考虑被积函数的奇偶性.

解:$\int_{-1}^{1}\frac{2x^2+x}{1+\sqrt{1-x^2}}\mathrm{d}x=\int_{-1}^{1}\frac{2x^2}{1+\sqrt{1-x^2}}\mathrm{d}x+\int_{-1}^{1}\frac{x}{1+\sqrt{1-x^2}}\mathrm{d}x$. 由于$\frac{2x^2}{1+\sqrt{1-x^2}}$是偶函数,而$\frac{x}{1+\sqrt{1-x^2}}$是奇函数,有$\int_{-1}^{1}\frac{x}{1+\sqrt{1-x^2}}\mathrm{d}x=0$,于是

$$\int_{-1}^{1}\frac{2x^2+x}{1+\sqrt{1-x^2}}\mathrm{d}x=4\int_{0}^{1}\frac{x^2}{1+\sqrt{1-x^2}}\mathrm{d}x=4\int_{0}^{1}\frac{x^2(1-\sqrt{1-x^2})}{x^2}\mathrm{d}x$$

$$=4\int_{0}^{1}\mathrm{d}x-4\int_{0}^{1}\sqrt{1-x^2}\,\mathrm{d}x$$

由定积分的几何意义可知$\int_{0}^{1}\sqrt{1-x^2}\,\mathrm{d}x=\frac{\pi}{4}$,故

$$\int_{-1}^{1}\frac{2x^2+x}{1+\sqrt{1-x^2}}\mathrm{d}x=4\int_{0}^{1}\mathrm{d}x-4\cdot\frac{\pi}{4}=4-\pi.$$

例 2　计算$\int_{0}^{\ln 5}\frac{\mathrm{e}^x\sqrt{\mathrm{e}^x-1}}{\mathrm{e}^x+3}\mathrm{d}x$.

分析：被积函数中含有根式，不易直接求原函数，考虑作适当变换去掉根式.

解：设 $u=\sqrt{e^x-1}$，$x=\ln(u^2+1)$，$dx=\frac{2u}{u^2+1}du$，则

$$\int_0^{\ln 5}\frac{e^x\sqrt{e^x-1}}{e^x+3}dx=\int_0^2\frac{(u^2+1)u}{u^2+4}\cdot\frac{2u}{u^2+1}du=2\int_0^2\frac{u^2}{u^2+4}du$$

$$=2\int_0^2\frac{u^2+4-4}{u^2+4}du=2\int_0^2 du-8\int_0^2\frac{1}{u^2+4}du=4-\pi.$$

例 3 计算 $\int_0^1\frac{\ln(1+x)}{(3-x)^2}dx$.

分析：被积函数中出现对数函数的情形，可考虑采用分部积分法.

解：
$$\int_0^1\frac{\ln(1+x)}{(3-x)^2}dx=\int_0^1\ln(1+x)d(\frac{1}{3-x})$$

$$=[\frac{1}{3-x}\ln(1+x)]\Big|_0^1-\int_0^1\frac{1}{(3-x)}\cdot\frac{1}{(1+x)}dx$$

$$=\frac{1}{2}\ln2-\frac{1}{4}\int_0^1(\frac{1}{1+x}+\frac{1}{3-x})dx$$

$$=\frac{1}{2}\ln2-\frac{1}{4}\ln3.$$

例 4 计算 $\int_0^{\frac{\pi}{2}}e^x\sin x\,dx$.

分析：被积函数中出现指数函数与三角函数乘积的情形通常要多次利用分部积分法.

解：由于
$$\int_0^{\frac{\pi}{2}}e^x\sin x\,dx=\int_0^{\frac{\pi}{2}}\sin x\,de^x=[e^x\sin x]\Big|_0^{\frac{\pi}{2}}-\int_0^{\frac{\pi}{2}}e^x\cos x\,dx$$

$$=e^{\frac{\pi}{2}}-\int_0^{\frac{\pi}{2}}e^x\cos x\,dx, \tag{1}$$

而

$$\int_0^{\frac{\pi}{2}}e^x\cos x\,dx=\int_0^{\frac{\pi}{2}}\cos x\,de^x=[e^x\cos x]\Big|_0^{\frac{\pi}{2}}-\int_0^{\frac{\pi}{2}}e^x\cdot(-\sin x)dx$$

$$=\int_0^{\frac{\pi}{2}}e^x\sin x\,dx-1, \tag{2}$$

将(2)式代入(1)式可得

$$\int_0^{\frac{\pi}{2}}e^x\sin x\,dx=e^{\frac{\pi}{2}}-[\int_0^{\frac{\pi}{2}}e^x\sin x\,dx-1],$$

故

$$\int_0^{\frac{\pi}{2}} e^x \sin x\,dx = \frac{1}{2}(e^{\frac{\pi}{2}} + 1).$$

例 5　设 $f(x)$ 在 $[0,\pi]$ 上具有二阶连续导数，$f'(\pi)=3$ 且 $\int_0^{\pi}[f(x)+f''(x)]\cos x\,dx = 2$，求 $f'(0)$.

分析：被积函数中含有抽象函数的导数形式,可考虑用分部积分法求解.

解：由于 $\int_0^{\pi}[f(x)+f''(x)]\cos x\,dx = \int_0^{\pi} f(x)\,d\sin x + \int_0^{\pi}\cos x\,df'(x)$

$$= \left\{[f(x)\sin x]\Big|_0^{\pi} - \int_0^{\pi} f'(x)\sin x\,dx\right\} + \left\{[f'(x)\cos x]\Big|_0^{\pi} + \int_0^{\pi} f'(x)\sin x\,dx\right\}$$

$= -f'(\pi) - f'(0) = 2$，　故 $f'(0) = -2 - f'(\pi) = -2 - 3 = -5$.

A 类题

1. 计算下列定积分：

(1) $\int_{-2}^{1} \frac{1}{(11+5x)^3}dx$;

(2) $\int_0^4 \frac{6x}{\sqrt{2x+1}}dx$;

(3) $\int_0^a x^2\sqrt{a^2-x^2}\,dx$;

(4) $\int_0^{\ln 2}\sqrt{e^x-1}\,dx$;

(5) $\int_0^1 x^{15}\sqrt{1+3x^8}\,dx$;

(6) $\int_0^{\frac{\pi}{2}}\cos^5 x\sin 2x\,dx$;

(7) $\int_0^1 x\mathrm{e}^{-\frac{x^2}{2}}\mathrm{d}x$ ；

(8) $\int_1^{\sqrt{3}} \frac{1}{x^2\sqrt{x^2+1}}\mathrm{d}x$ ；

(9) $\int_0^{\pi} \sqrt{\cos 2x+1}\,\mathrm{d}x$.

2. 利用函数的奇偶性计算下列积分：

(1) $\int_{-1}^{1} (|x|-\sin x)x^2\mathrm{d}x$ ；

(2) $\int_{-1}^{1} (x+\sqrt{1-x^2})^2\mathrm{d}x$.

3. 计算下列定积分：

(1) $\int_0^{e-1} \ln(x+1)\mathrm{d}x$ ；

(2) $\int_0^{\frac{\sqrt{3}}{2}} \arccos x\,\mathrm{d}x$.

(3) $\int_0^1 x\mathrm{e}^{-x}\mathrm{d}x$ ；

(4) $\int_{\frac{\pi}{4}}^{\frac{\pi}{3}} \frac{x}{\sin^2 x}\mathrm{d}x$ ；

(5) $\int_{\frac{1}{2}}^{1} e^{\sqrt{2x-1}} dx$ ；

(6) $\int_{\frac{1}{2}}^{e} \sin(\ln x) dx$ ；

(7) $\int_{\frac{1}{e}}^{e} |\ln x| dx$.

4. 证明：若函数 $f(x)$ 于闭区间 $[a,b]$ 内连续，则 $\int_{a}^{b} f(x) dx = (a-b)\int_{0}^{1} f[a+(b-a)x] dx$.

第四节　反常积分

本节要求读者理解反常积分的定义及类型：无穷限的广义积分，无界函数的广义积分，实质上都可以转化为常义积分和极限的问题. 重点掌握不同类型的广义积分的敛散性判定方法.

1. 无穷限的广义积分；

2. 无界函数的广义积分.

例 1 计算 $\int_0^{+\infty}\frac{dx}{x^2+4x+3}$.

分析：该积分是无穷限的的反常积分，用定义来计算.

解：
$$\int_0^{+\infty}\frac{dx}{x^2+4x+3}=\lim_{t\to+\infty}\int_0^t\frac{dx}{x^2+4x+3}=\lim_{t\to+\infty}\frac{1}{2}\int_0^t\left(\frac{1}{x+1}-\frac{1}{x+3}\right)dx$$
$$=\lim_{t\to+\infty}\frac{1}{2}\left[\ln\frac{x+1}{x+3}\right]\Big|_0^t=\lim_{t\to+\infty}\frac{1}{2}\left(\ln\frac{t+1}{t+3}-\ln\frac{1}{3}\right)$$
$$=\frac{\ln3}{2}.$$

例 2 计算 $\int_0^{+\infty}\frac{dx}{\sqrt{x(x+1)^5}}$.

证明：此题为混合型反常积分，积分上限为$+\infty$，下限 0 为被积函数的瑕点.

解：令$\sqrt{x}=t$，则有
$$\int_0^{+\infty}\frac{dx}{\sqrt{x(x+1)^5}}=\int_0^{+\infty}\frac{2t\,dt}{t(t^2+1)^{\frac{5}{2}}}=2\int_0^{+\infty}\frac{dt}{(t^2+1)^{\frac{5}{2}}},$$
再令 $t=\tan\theta$，于是可得
$$\int_0^{+\infty}\frac{dt}{(t^2+1)^{\frac{5}{2}}}=\int_0^{\frac{\pi}{2}}\frac{d\tan\theta}{(\tan^2\theta+1)^{\frac{5}{2}}}=\int_0^{\frac{\pi}{2}}\frac{\sec^2\theta\,d\theta}{\sec^5\theta}=\int_0^{\frac{\pi}{2}}\frac{d\theta}{\sec^3\theta}$$
$$=\int_0^{\frac{\pi}{2}}\cos^3\theta\,d\theta=\int_0^{\frac{\pi}{2}}(1-\sin^2\theta)\cos\theta\,d\theta$$
$$=\int_0^{\frac{\pi}{2}}(1-\sin^2\theta)\,d\sin\theta$$
$$=\left[\sin\theta-\frac{1}{3}\sin^3\theta\right]\Big|_0^{\frac{\pi}{2}}=\frac{2}{3}.$$

例 3 计算 $\int_2^4\frac{dx}{\sqrt{(x-2)(4-x)}}$.

分析：该积分为无界函数的反常积分，且有两个瑕点，于是由定义，当且仅当 $\int_2^3\frac{dx}{\sqrt{(x-2)(4-x)}}$ 和 $\int_3^4\frac{dx}{\sqrt{(x-2)(4-x)}}$ 均收敛时，原反常积分才是收敛的.

解：由于

$$\int_2^3 \frac{dx}{\sqrt{(x-2)(4-x)}} = \lim_{a\to 2^+}\int_a^3 \frac{dx}{\sqrt{(x-2)(4-x)}}$$

$$= \lim_{a\to 2^+}\int_a^3 \frac{d(x-3)}{\sqrt{1-(x-3)^2}}$$

$$= \lim_{a\to 2^+}[\arcsin(x-3)]\Big|_a^3 = \frac{\pi}{2},$$

$$\int_3^4 \frac{dx}{\sqrt{(x-2)(4-x)}} = \lim_{b\to 4^-}\int_3^b \frac{dx}{\sqrt{(x-2)(4-x)}}$$

$$= \lim_{b\to 4^-}\int_3^b \frac{d(x-3)}{\sqrt{1-(x-3)^2}}$$

$$= \lim_{b\to 4^-}[\arcsin(x-3)]\Big|_3^b = \frac{\pi}{2},$$

所以 $\int_2^4 \frac{dx}{\sqrt{(x-2)(4-x)}} = \frac{\pi}{2} + \frac{\pi}{2} = \pi.$

A 类题

1. 计算下列各积分：

(1) $\int_0^2 \frac{dx}{(1-x)^2}$；

(2) $\int_1^e \frac{dx}{x\sqrt{1-\ln^2 x}}$；

(3) $\int_{-1}^1 \frac{dx}{\sqrt{1-x^2}}$；

(4) $\int_0^1 \frac{dx}{(2-x)\sqrt{1-x}}$；

(5) $\int_{0}^{+\infty} \frac{\arctan x}{(1+x^{2})^{\frac{3}{2}}} \mathrm{d}x$ ；

(6) $I_{n}=\int_{0}^{+\infty} x^{n} \mathrm{e}^{-x} \mathrm{d}x$ ；

(7) $\int_{2}^{+\infty} \frac{1}{x(\ln x)^{k}} \mathrm{d}x\,(k>1)$；

(8) $\int_{0}^{+\infty} \mathrm{e}^{-\sqrt{x}} \mathrm{d}x$.

参考答案

第一章 函数与极限

第一节 映射与函数

A 类题

1. $\mathring{U}(2,3)=\{x|-1<x<5,x\neq 2\}$，$(1,+\infty)=\{x|1<x<+\infty\}$.

2. $U(-1,4)$，$U(0.1,0.01)$.　　**3.** $(-\infty,-4]\cup(6,+\infty)$，$(-10,30)$.

4. 3，1，5，$f(x)=\begin{cases}4x+5, & x\geqslant -1\\ x^2+2x+3, & x\leqslant -2\end{cases}$.　　**5.** 略.

6. (1) $[-2,-1)\cup(-1,1)\cup(1,+\infty)$；(2) $[-1,3]$；(3) $(-\infty,-1)\cup(1,3)$.

7. (1)不能；(2)能，$y=\dfrac{x}{\sqrt{1+3x^2}}(-\infty<x<+\infty)$；(3)不能.

8. $\dfrac{x}{1-2x}$，$\dfrac{x}{1-3x}$.　　**9.** $y=\begin{cases}9.8, & 0<x\leqslant 8\\ 0.2+1.2x, & 8<x\leqslant 16\\ -9.4+1.8x, & x>16\end{cases}$，图略.

B 类题

(1) $y=\dfrac{1}{2}\ln\dfrac{1+x}{1-x}$，$|x|<1$；(2) $y=\begin{cases}\arcsin x, & -1\leqslant x<0,\\ \dfrac{-1+\sqrt{1+4x}}{2}, & 0\leqslant x<2,\\ \dfrac{x^2}{4}, & 2\leqslant x<4\sqrt{2}.\end{cases}$

第二节 数列的极限

A 类题

略.

B 类题

1. 略.　　**2.** 证明略，反例：$x_n=\dfrac{1+(-1)^n}{2}$ $x_n=\dfrac{1+(-1)^n}{2}$或者 $x_n=\sin\dfrac{n\pi}{2}$，$x_n=\cos\dfrac{n\pi}{2}$.

第三节 函数的极限

A 类题

(1) $f(0+0)=+\infty$，$f(0-0)=0$，不存在；　(2) $f[g(0+0)]=1$，$f[g(0-0)]=-1$，不存在.

B 类题

略.

第四节　无穷小与无穷大

A 类题

1. (1)是；(2)是；(3)否；(4)是.　**2.** (1)是；(2)是；(3)是；(4)是.

B 类题

略.

第五节　极限运算法则

A 类题

1. (1) $-\frac{8}{5}$；(2) $\frac{2}{3}$；(3) $\frac{1}{3}$；(4) $\frac{1}{4}$；(5) -1；(6) $\frac{1}{2}$；(7) ∞；(8) ∞；(9) $\frac{1}{3}$.

2. (1) 1；(2) 0；　**3.** $a=1,b=1$.

B 类题

略.

第六节　极限存在准则　两个重要极限

A 类题

(1) $\frac{2}{5}$；(2) x；(3) $\frac{3}{5}$；(4) $\frac{1}{2}$；(5) e^{-1}；(6) e.

B 类题

(1) 1.　(2)10.　(3) 1.

第七节　无穷小的比较

A 类题

略.

B 类题

(1) $\frac{9}{8}\ln a$；(2) e^2；(3) $\frac{3}{2}$；(4) 1；(5) $b\ln 2$.

第八节　函数的连续性与间断点

A 类题

1. (1)$x=2$ 为 $f(x)$的无穷间断点；$x=1$ 为 $f(x)$的可去间断点；

(2)$x=a$ 为 $f(x)$的跳跃间断点.

2. 连续.

B 类题

1. $a=1$，$b=3$.　　**2.** $-\frac{3}{2}$.

第九节　连续函数的运算与初等函数的连续性

A 类题

1. (1) 2； (2) -2； (3) 1； (4) $-\sin 2a$.　　**2.** (1) $\frac{2}{3}$； (2) $\frac{1}{3}$； (3) 0； (4) $\frac{1}{4}$.

B 类题

略.

第十节　闭区间上连续函数的性质

A 类题

略.

B 类题

略.

第三章　微分中值定理与导数的应用

第一节　微分中值定理

A 类题

1. 设 $f(x)=\arctan\frac{1+x}{1-x}-\arctan x-\frac{\pi}{4}$.　　**2.** 令函数 $f(x)=\arcsin x+\arccos x(-1\leqslant x\leqslant 1)$.

3. 令 $f(x)=a_0x+\frac{a_1}{2}x^2+\frac{a_2}{3}x^3+\cdots+\frac{a_n}{n+1}x^{n+1}$.

4. 设 $f(x)=a_0x^n+a_1x^{n-1}+\cdots+a_{n-1}x$.　　**5.** 令 $f(x)=ax^4+bx^3+cx^2-(a+b+c)x$.

6. (1)令 $f(x)=\ln x$，$x\in[b,a]$； (2) 设 $f(x)=x^n$，$x\in[b,a]$.

7. 略.　　**8.** 令 $f(x)=\ln x$，在$[x,1+x]$用拉格朗日中值定理.

9. 令 $f(x)=\frac{e^x}{x}$，$g(x)=\frac{1}{x}$，则 $f(x)$，$g(x)$在区间$[a,b]$上用柯西定理.

B 类题

1. 当 $a=0$ 时，不等式显然成立. $a>0$，在$[0,a]$和$[b,a+b]$上分别用拉格朗日定理.

2. 令 $F(x)=f(x)e^{g(x)}$，$x\in[a,b]$.　　**3.** 略.

第二节　洛必达法则

A 类题

1. (1) 5； (2) -4； (3) $\frac{m}{n}a^{m-n}$； (4) 2； (5) 1； (6) $-\frac{1}{8}$； (7) 1； (8) $\frac{1}{2}$； (9) 0；

(10)$\frac{1}{2}$； (11)1； (12)$e^{-\frac{1}{6}}$； (13)$e^{-\frac{2}{\pi}}$； (14) 0.

2. $f(x)$在 $x=0$ 处连续. **3.** $\frac{1}{2}$.

B 类题

1. 2010!. **2.** $\frac{1}{n!}$. **3.** $a=2;\frac{3}{2}$. **4.** $a=\sqrt{2},b=\sqrt{2}$. **5.** $\sqrt[n]{a_1a_2\cdots a_n}$.

第三节 泰勒公式

A 类题

1. $f(x)=-56+21(x-4)+\frac{74}{2!}(x-4)^2+\frac{66}{3!}(x-4)^3+\frac{24}{4!}(x-4)^4$.

2. $\frac{1}{x}=-[1+(x+1)+(x+1)^2+\cdots+(x+1)^n+o(x+1)^n]$.

3. $\arcsin x=x+\frac{1}{6}x^3+o(x^3)$. **4.** $\ln\frac{1+x}{1-x}=2\left(x+\frac{x^3}{3}+\frac{x^5}{5}+\cdots+\frac{x^{2n-1}}{2n-1}\right)+o(x^{2n})$.

5. $-\frac{1}{2}\cdot\frac{f''(a)}{[f'(a)]^2}$. **6.** $\ln(1+x^2)=x^2-\frac{1}{2}x^4+\frac{1}{3}x^6-\cdots+\frac{(-1)^{n-1}}{n}x^{2n}+o(x^{2n})$.

7. 21. **8.** $\frac{\alpha\beta(\beta-\alpha)}{2}$.

B 类题

1. 将函数 $f(x)$在 $x_0=a$ 处展开到$n-1$ 阶,然后令 $x=b$.

2. (1) $f(x)=f(0)+f'(0)+\frac{f''(0)}{2!}x^2+\frac{f'''(\xi)}{3!}x^3$,($\xi$ 在 0 与 x 之间)；

(2)(0,0)是曲线 $y=f(x)$的拐点.

3. 2010×2009.

第四节 函数的单调性与曲线的凹凸性

A 类题

1. 略. **2.** 略. **3.** 略.

4. (1)令 $f(x)=(1+x)\ln(1+x)-\arctan x$； (2)令 $f(x)=1+x\ln(x+\sqrt{1+x^2})-\sqrt{1+x^2}$；

(3)令 $f(x)=\ln^2 x-\frac{4}{e^2}x$.

5. (1)$(-\infty,-1)$,$(1,+\infty)$为 y 的凸区间,$(-1,1)$为 y 的凹区间. $(-1,\ln2)$与$(1,\ln2)$为两个拐点；

(2) $(-\infty,\frac{1}{2})$为 y 的凹区间,$(\frac{1}{2},+\infty)$为 y 的凸区间. $(\frac{1}{2},e^{\arctan\frac{1}{2}})$为拐点.

6. 略.　**7.** (1)设 $f(t)=t^n$；(2)设 $f(t)=t\ln t$.　**8.** $k=\pm\frac{\sqrt{2}}{8}$.

B类题

1. 证略，$\lim\limits_{n\to\infty}x_n=\frac{1}{2}$.　**2.** 略.　**3.** $f(x)=-\frac{1}{2}x^3+\frac{3}{2}x^2$.

4. $(\xi,\eta)=\left(x_0-\frac{y'_0(1+y'^2_0)}{y''_0},\ y_0+\frac{1+y'^2_0}{y''_0}\right)$，或 $(\xi,\eta)=\left(x_0+\frac{y'_0(1+y'^2_0)}{y''_0},\ y_0-\frac{1+y'^2_0}{y''_0}\right)$.

第五节　函数的极值与最大值最小值

A类题

1. $y(\frac{3}{4})=\frac{5}{4}$是极大值.

2. (1) $y(0)=0$ 是最小值，$y(4)=8$ 是最大值；(2) $f(\frac{1}{e})=(\frac{1}{e})^{\frac{1}{e}}$是最小值.

3. $a=2$，$f(\frac{\pi}{3})=2\sin\frac{\pi}{3}+\frac{1}{3}\sin\pi=\sqrt{3}$是极大值.

4. $f(x)=x^5-30x^3+85x$.

5. 两段铁丝分别长为$\frac{a\pi}{4+\pi}$，$\frac{4a}{4+\pi}$时，正方形和圆形面积之和为最小.

6. 半径为$\frac{p}{4}$时，扇形的面积最大.

第六节　函数图形的描绘

A类题

略.

第七节　曲　率

A类题

(1) $K=2$.　(2) $\frac{2}{3|a\sin 2t_0|}$.

第五章　定积分

第一节　定积分概念与性质

A类题

1. 略.　**2.** $\int_0^1 x^2dx\geqslant\int_0^1 x^3dx$.　**3.** $1.6\leqslant\int_1^4(1+x^2)dx\leqslant 51$.　**4.** $f(a)$.

5. $\frac{1}{2}$.　**6.** $\int_0^1 e^x dx>\int_0^1 1+x\,dx$.

第二节　微积分基本公式

A类题

1. (1) 1； (2) $\frac{\pi^2}{4}$； (3) $2x\sqrt{1+x^4}$； (4) $\frac{1}{2\sqrt{x}}\int_0^{x^2}\cos t^2\mathrm{d}t+2x\sqrt{x}\cos x^4$.

2. $0,\frac{\sqrt{2}}{2}$.　**3.** $\cot t$.　**4.** $\frac{\mathrm{d}y}{\mathrm{d}x}=-\mathrm{e}^{-y^2}\cos x^2$.

5. $x=0$ 时,有极小值0,无极大值.

6. (1) $\frac{271}{6}$； (2) $\frac{\pi}{3}$； (3) $\frac{3}{2}$；(4) $1+\frac{\pi}{4}$； (5) $1-\frac{\pi}{4}$； (6) 4； (7) $\frac{8}{3}$； (8) $2(\sqrt{2}-1)$.

7. 略.

第三节　定积分的换元法与分部积分法

A类题

1. (1) $\frac{51}{512}$； (2) 20； (3) $\frac{a^4}{16}\pi$； (4) $2-\frac{\pi}{2}$； (5) $\frac{29}{270}$； (6) $\frac{2}{7}$； (7) $1-\frac{1}{\sqrt{\mathrm{e}}}$； (8) $\sqrt{2}-\frac{2}{\sqrt{3}}$；

(9) $2\sqrt{2}$.

2. (1) $\frac{1}{2}$； (2) 2.

3. (1) 1； (2) $\frac{\sqrt{3}\pi}{12}+\frac{1}{2}$； (3) $1-\frac{2}{\mathrm{e}}$； (4) $(\frac{1}{4}-\frac{\sqrt{3}}{9})\pi+\frac{1}{2}(\ln 3-\ln 2)$； (5) 1；

(6) $\frac{1}{2}(\mathrm{e}\sin 1-\mathrm{e}\cos 1+1)$； (7) $2-\frac{2}{\mathrm{e}}$.

4. 提示:令 $x=a+(b-a)t$.

第四节　反常积分

A类题

1. (1)发散； (2) $\frac{\pi}{2}$； (3) π； (4) $\frac{\pi}{2}$； (5) $\frac{\pi}{2}-1$； (6) $n!\ l$； (7) $\frac{1}{k-1}\frac{1}{(\ln 2)^{k-1}}$； (8) 2.

高等数学练习与提高(二)

（第二版）

GAODENG SHUXUE LIANXI YU TIGAO

张玉洁　王军霞 主编

图书在版编目(CIP)数据

高等数学练习与提高(第二版).(一)(二)/张玉洁,王军霞主编. —2版. —武汉:中国地质大学出版社,2023.7

ISBN 978-7-5625-5612-1

Ⅰ.①高… Ⅱ.①张…②王… Ⅲ.①高等数学-高等学校-教学参考资料 Ⅳ.①O13

中国版本图书馆CIP数据核字(2023)第116739号

高等数学练习与提高(第二版)(一)(二) **张玉洁 王军霞 主编**

责任编辑:郑济飞 责任校对:韦有福

出版发行:中国地质大学出版社(武汉市洪山区鲁磨路388号) 邮政编码:430074

电 话:(027)67883511 传真:67883580 E-mail:cbb@cug.edu.cn

经 销:全国新华书店 http://cugp.cug.edu.cn

开本:787毫米×1 092毫米 1/16 字数:204千字 印张:8.25

版次:2018年2月第1版 2023年7月第2版 印次:2023年7月第1次印刷

印刷:武汉市籍缘印刷厂

ISBN 978-7-5625-5612-1 定价:35.00元(全2册)

前　言

本书是高等教育出版社出版的《高等数学》(第七版)的配套辅助教材,可作为高等学校"高等数学""工科数学分析"课程的教学参考书。本书具有以下特色。

(1)全书分为四册,其中第一册和第二册是《高等数学》(上)(第七版)的配套教辅;第三册和第四册是《高等数学》(下)(第七版)的配套教辅。

(2)第一册和第二册的主要内容有函数、极限、连续性、导数与微分、微分中值定理与导数的应用,一元函数的不定积分、一元函数的定积分、定积分的应用;第三册和第四册的主要内容有微分方程、空间解析几何与向量代数、多元函数微分法及其应用、重积分、曲线积分和曲面积分、无穷级数。

(3)该书精选各类习题,体量适中。每分册中的每节包含知识要点、典型例题及习题三大部分。其中习题有A、B、C三类,A类为基本练习,用于巩固基础知识和基本技能;B类和C类为加深和拓宽练习。

(4)每分册附有部分习题答案,以供参考。

本书在编写出版过程中得到了中国地质大学(武汉)数学与物理学院领导及全体大学数学部老师的支持和帮助,他们分别是:李星、杨球、罗文强、田木生、肖海军、杨瑞琰、何水明、向东进、郭艳凤、余绍权、刘鲁文、李少华、肖莉、黄精华、陈兴荣、杨迪威、邹敏、黄娟、马晴霞、杨飞、李卫峰、王元媛、陈荣三、乔梅红。谨在此向他们表示衷心的感谢。

限于编者水平有限,加之编写时间仓促,书中难免有不足之处,恳请广大读者批评指正!

编　者

2023年7月

目　录

第二章　导数与微分

第一节　导数概念

本节要求掌握函数在一点处的导数及导函数的定义，会用定义求导数；掌握单侧导数的定义及可导的充要条件；能熟练应用单侧导数及导数的定义判断函数在某点是否可导；掌握导数的几何和物理意义，会求曲线的切线及法线方程；正确掌握可导性与连续性之间的关系.

1. 导数及导函数的定义，用定义求导数；
2. 左右导数的定义，可导的充分必要条件；
3. 导数的几何意义，根据导数的几何意义求直线的切线、法线方程；
4. 可导性与连续性的关系.

例 1　设 $f'(x)$存在，求极限$\lim\limits_{\Delta x\to 0}\dfrac{f(x+2\Delta x)-f(x-\Delta x)}{\Delta x}$.

分析：所求极限式分子分母都是增量形式，很显然需要适当整理变形以后用到极限定义.

解：按导数的定义，将原式改写为：

原式$=\lim\limits_{\Delta x\to 0}\left[2\cdot\dfrac{f(x+2\Delta x)-f(x)}{2\Delta x}-(-1)\cdot\dfrac{f(x-\Delta x)-f(x)}{-\Delta x}\right]$

因为 $f'(x)$存在，

$$f'(x)=\lim_{\Delta x\to 0}\frac{f(x+2\Delta x)-f(x)}{2\Delta x}=\lim_{s\to 0}\frac{f(x+s)-f(x)}{s}(s=2\Delta x),$$

$$=\lim_{\Delta x\to 0}\frac{f(x-\Delta x)-f(x)}{-\Delta x}=\lim_{t\to 0}\frac{f(x+t)-f(x)}{t}(t=-\Delta x),$$

所以原式$=2f'(x)+f'(x)=3f'(x)$.

例 2 已知 $f(x)=\begin{cases}\dfrac{x}{1+e^{\frac{1}{x}}}, & x\neq 0,\\ 0, & x=0,\end{cases}$ 讨论 $f(x)$ 在 $x=0$ 处的连续性与可导性.

分析: 讨论分段函数在定义域分段点处的连续性和可导性需要用定义来处理。考虑到指数函数 $e^{\frac{1}{x}}$,当 $x\to 0$ 时左右极限不相等,需要求 $f(x)$ 在 $x=0$ 处的左右极限及左右导数.

解: 因为 $f(0^-)=\lim\limits_{x\to 0^-}f(x)=\lim\limits_{x\to 0^-}\dfrac{x}{1+e^{\frac{1}{x}}}=0, f(0^+)=\lim\limits_{x\to 0^+}f(x)=\lim\limits_{x\to 0^+}\dfrac{x}{1+e^{\frac{1}{x}}}=0$,

即 $f(0^-)=f(0^+)=0=f(0)$,所以 $f(x)$ 在 $x=0$ 处连续;

又 $f'_-(0)=\lim\limits_{x\to 0^-}\dfrac{\dfrac{x}{1+e^{\frac{1}{x}}}-0}{x-0}=\lim\limits_{x\to 0^-}\dfrac{1}{1+e^{\frac{1}{x}}}=1, f'_+(0)=\lim\limits_{x\to 0^+}\dfrac{\dfrac{x}{1+e^{\frac{1}{x}}}-0}{x-0}=\lim\limits_{x\to 0^+}\dfrac{1}{1+e^{\frac{1}{x}}}=0$,

即 $f'_-(0)\neq f'_+(0)$,因此 $f(x)$ 在 $x=0$ 处不可导.

例 3 设 $g(0)=g'(0)=0, f(x)=\begin{cases}g(x)\sin\dfrac{1}{x}, & x\neq 0,\\ 0, & x=0,\end{cases}$ 求 $f'(0)$.

分析: 分段函数分段点处的导数要用定义来求.写出定义的表达式以后需要讨论 $\dfrac{g(x)}{x}$ 的极限,则根据已知条件求得.在求极限的过程中会多次用到可导必连续的思想.

解: 因为 $g(0)=g'(0)=0$,即 $g'(0)=\lim\limits_{x\to 0}\dfrac{g(x)-g(0)}{x-0}=\lim\limits_{x\to 0}\dfrac{g(x)}{x}=0$,因此不妨设 $\dfrac{g(x)}{x}=\alpha(x)$,其中 $\lim\limits_{x\to 0}\alpha(x)=0$,即当 $x\to 0$ 时,$\alpha(x)$ 为无穷小量,于是有

$$f'(0)=\lim_{x\to 0}\frac{f(x)-f(0)}{x-0}=\lim_{x\to 0}\frac{g(x)\sin\frac{1}{x}}{x}=\lim_{x\to 0}\alpha(x)\sin\frac{1}{x},$$

而当 $x\to 0$ 时,$\sin\dfrac{1}{x}$ 是有界函数,所以 $f'(0)=0$.

例 4 确定 a,b 的值,使曲线 $y=x^2+ax+b$ 与直线 $y=2x$ 相切于点(2,4).

分析: 看到相切就该想到导数的几何意义.切点和切线斜率都已知,于是我们可以求出曲线在切点处的导数值,从而确定 a 的值,继而确定 b 的值.

解: 将 $y=x^2+ax+b$ 求导,得 $y'=2x+a$, $y'|_{x=2}=4+a$.由导数的几何意义知,$y'=2$,所以,$a=-2$.又点(2,4)在该曲线上,所以 $4=4-4+b$, $b=4$.

A 类题

1. 设 $y=10x^2$,试按定义求 $f'(-1)$.

2. 一质点作直线运动,它所经过的路程和时间的关系是 $S=3t^3+1$,求 $t=2$ 的瞬时速度.

3. 在抛物线 $y=x^2$ 上哪一点的切线有下面的性质:

(1)与 ox 轴构成 $45°$的角;

(2)与抛物线上横坐标为 $x_1=1,x_2=3$ 的两点连成的割线平行.

4. 利用$(x^\mu)'=\mu x^{\mu-1}$(μ 为已知实数)求下列导数:

(1) $x^{1.6}$;　　(2) $\dfrac{1}{\sqrt[3]{x}}$;

(3) $x\sqrt{x}\ \sqrt[3]{x}$;　　(4) $\dfrac{x^2\sqrt[3]{x^2}}{\sqrt{x^5}}$.

B类题

1. 已知函数 $f(x)=\begin{cases} x^2\sin\dfrac{1}{x}, & x\neq 0 \\ x, & x=0 \end{cases}$，求这个函数在点 $x=0$ 处的导数.

2. 讨论下列函数在 $x=0$ 处的连续性与可导性,并说明理由.

(1) $f(x)=\begin{cases} x^2\sin\dfrac{1}{x}, & x\neq 0 \\ x, & x=0 \end{cases}$；

(2) $f(x)=\begin{cases} -x, & x>0 \\ x^2, & x\leqslant 0 \end{cases}$；

(3) $f(x)=|\sin x|$.

3. 证明:双曲线 $xy=a^2$ 上任一点处的切线与两坐标轴构成的三角形的面积都等于 $2a^2$.

第二节　函数的求导法则

本节要求熟练掌握常数和基本初等函数的导数公式、函数的四则运算求导法则、反函数的求导法则以及复合函数的求导法则，能综合运用这些法则和导数公式.

1. 函数的和、差、积、商求导法则；
2. 反函数和复合函数的求导法则；
3. 常数和基本初等函数的导数公式.

例 1　求下列函数的导数：

(1) $y=\dfrac{x^5\sqrt[3]{x^2}}{\sqrt{x^5}}$；　　(2) $y=\dfrac{a^x\sin x}{1+x}$；

(3) $y=x\sec x-\dfrac{e^x}{x^2}$；　　(4) $y=x^{\sin\frac{1}{x}}$.

分析：简单的初等函数求导直接用导数公式即可.

解：(1) $y'=\left(\dfrac{x^5\sqrt[3]{x^2}}{\sqrt{x^5}}\right)'=(x^{\frac{19}{6}})'=\dfrac{19}{6}x^{\frac{13}{6}}$；

(2) $y'=\dfrac{a^x[\ln a\cdot\sin x+\cos x](1+x)-a^x\sin x}{(1+x)^2}$

$=\dfrac{a^x[(\ln a\cdot\sin x+\cos x)(1+x)-\sin x]}{(1+x)^2}$；

(3) $y'=(x\sec x)'-\left(\dfrac{e^x}{x^2}\right)'=\sec x+x\sec x\tan x-\dfrac{e^x x^2-e^x\cdot 2x}{x^4}$

$$=\sec x(1+x\tan x)-\frac{x-2}{x^3}e^x;$$

(4) $y'=(x^{\sin\frac{1}{x}})'=(e^{\sin\frac{1}{x}\cdot\ln x})'=e^{\sin x\cdot\ln x}\cdot[\cos\frac{1}{x}\cdot(-\frac{1}{x^2})\cdot\ln x+\frac{1}{x}\sin\frac{1}{x}]$

$$=x^{\sin\frac{1}{x}}(\frac{1}{x}\sin\frac{1}{x}-\frac{\ln x}{x^2}\cos\frac{1}{x}).$$

例 2 设 $y=e^x+\ln x(x>0)$,求其反函数 $x=x(y)$的导数.

分析: 求反函数直接用反函数求导法则.

解: 因为$\frac{dy}{dx}=e^x+\frac{1}{x}$,故其反函数的导数为

$$\frac{dx}{dy}=\frac{1}{\frac{dy}{dx}}=\frac{1}{e^x+\frac{1}{x}}=\frac{x}{xe^x+1}$$

例 3 设 $F(x)=g(x)\varphi(x)$,$\varphi(x)$在 $x=a$ 连续但不可导,又 $g'(x)$存在,则 $g(a)=0$ 是 $F(x)$在 $x=a$ 可导的(　　)条件.

A. 充分必要　　　　B. 充分但非必要

C. 必要非充分　　　　D. 既非充分又非必要

分析: 因为 $\varphi'(a)$不存在,所以不能对 $g(x)\varphi(x)$用乘积的求导法则;

若 $g(a)=0$,按定义考察

$$\frac{F(x)-F(a)}{x-a}=\frac{g(x)\varphi(x)-g(a)\varphi(a)}{x-a}=\frac{g(x)-g(a)}{x-a}\varphi(x)$$

则
$$\lim_{x\to a}\frac{F(x)-F(a)}{x-a}=\lim_{x\to a}\frac{g(x)-g(a)}{x-a}\lim_{x\to a}\varphi(x)=g'(a)\varphi(a)$$

即 $F'(a)=g'(a)\varphi(a)$. 再用反证法证明:若 $F'(a)$存在,则必有 $g(a)=0$. 若 $g(a)\neq0$,由商的求导法则可知 $\varphi(x)=\frac{F(x)}{g(x)}$在 $x=a$ 可导,与假设条件矛盾. 因此应选 A.

A 类题

1. 求下列函数的导数:

(1) $y=a^x+e^x$;　　　　(2) $y=2\tan x+\sec x-\sin\frac{\pi}{2}$;

(3) $y=x^2(2+\sqrt{x})$;　　　　(4) $y=(2+\sec t)\sin t$;

(5) $y=3e^{x}\cos x$；

(6) $f(v)=(v+1)^{2}(v-1)$；

(7) $S=\dfrac{1+\sin t}{1+\cos t}$；

(8) $y=\dfrac{2\csc x}{1+x^{2}}$；

(9) $y=(\sqrt{x}-a)(\sqrt{x}-b)(\sqrt{x}-c)$，$a,b,c$ 均为常数.

2. 以初速上抛的物体，其上升高度 S 与时间 t 的关系 $S=v_0t-\dfrac{1}{2}gt^{2}$，求：

(1) 该物体的速度 $v(t)$；

(2) 该物体到达最高点的时刻.

3. 求曲线 $y=2\sin x+x^{2}$ 上横坐标 $x=0$ 点处的切线方程和法线方程.

4. 写出曲线 $y=x-\dfrac{1}{x}$ 与 x 轴交点处的切线方程.

5. 求下列函数的导数：

(1) $y=\ln(x+\sqrt{a^2+x^2})$；

(2) $y=\ln(\sec x+\tan x)$；

(3) $y=e^{-\frac{x}{2}}\cos 3x$；

(4) $y=\ln\tan\frac{x}{2}$；

(5) $y=\ln[\ln(\ln x)]$；

(6) $y=\sin^n x\cos nx$；

(7) $y=\left(\frac{a}{b}\right)^x\left(\frac{b}{x}\right)^a\left(\frac{x}{a}\right)^b$.

B 类题

1. 求下列函数的导数：

(1) $y=\arcsin(1-2x)$；

(2) $y=e^{\arctan\sqrt{x}}$；

(3) $y=\arctan\frac{x+1}{x-1}$.

2. 设 $f(x)$，$g(x)$可导且 $f^2(x)+g^2(x)\neq 0$，求 $y=\sqrt{f^2(x)+g^2(x)}$ 的导数.

3. 设 $f(x)$对 x 可导，求$\frac{\mathrm{d}y}{\mathrm{d}x}$：

(1) $y=f[f(f(x))]$；

(2) $y=f(\mathrm{e}^x)\mathrm{e}^{f(x)}$.

第三节　高阶导数

本节要求掌握高阶导数的定义和求法以及几个初等函数的 n 阶导数公式；能熟练利用莱布尼兹公式计算两个函数乘积的 n 阶导数.

1. 函数的二阶、三阶导数的求法；
2. 几个初等函数的 n 阶导数；
3. 莱布尼兹公式.

例 1　求二阶导数：

(1) $y=\frac{\mathrm{e}^x}{x}$；　　　　(2) $y=\sin x\cdot\sin 2x\cdot\sin 3x$.

分析：要求二阶导数先求一阶导数再对一阶导数求导. 利用导数的四则运算法则以及三角函数积化和差公式.

解: (1) $y'=\dfrac{xe^x-e^x}{x^2}$,

$$y''=\left(\frac{e^xx-e^x}{x^2}\right)'=\frac{(e^xx+e^x-e^x)x^2-2x(e^xx-e^x)}{x^4}=e^x\cdot\frac{x^2-2x+2}{x^3}.$$

(2) $y=\sin x\cdot\sin 2x\cdot\sin 3x=\dfrac{1}{4}\sin 4x-\dfrac{1}{4}\sin 6x+\dfrac{1}{4}\sin 2x$,

利用公式$(\sin x)^{(n)}=\sin(x+n\cdot\dfrac{\pi}{2})$,

于是 $y''=\dfrac{1}{4}\cdot 4^2\sin(4x+\dfrac{2}{2}\pi)-\dfrac{1}{4}\cdot 6^2\sin(6x+\dfrac{2}{2}\pi)+\dfrac{1}{4}\cdot 2^2\sin(2x+\dfrac{2}{2}\pi)$

$\quad=9\sin 6x-4\sin 4x-\sin 2x$.

例 2 设 $P(x)=\dfrac{d^n}{dx^n}(1-x^m)^n$,其中 m,n 为正整数,求 $P(1)$.

分析: 题目中涉及到两个函数乘积的 n 阶导数,所以要用到莱布尼兹公式.

解: 因为$(1-x^m)^n=(1-x)^n\cdot(1+x+x^2+\cdots+x^{m-1})^n$,

令 $u(x)=(1-x)^n$,$v(x)=(1+x+x^2+\cdots+x^{m-1})^n$,应用莱布尼兹公式,

因为 $u(1)=u'(1)=\cdots=u^{(n-1)}(1)=0$,$u^{(n)}(1)=(-1)^nn!$,所以

$P(1)=v^{(n)}(1)u(1)+nv^{(n-1)}(1)u'(1)+\cdots+v(1)u^{(n)}(1)=(-1)^nm^nn!$.

例 3 设函数 $y=\dfrac{1+x}{\sqrt{1-x}}$,求 $y^{(n)}$.

分析: 两个函数商的 n 阶导数没有公式直接对应,于是我们需要将函数适当变形,然后利用已知函数的 n 阶导数公式得到所求导数.

解: 由于 $y=\dfrac{2-(1-x)}{\sqrt{1-x}}=2(1-x)^{-\frac{1}{2}}-(1-x)^{\frac{1}{2}}$,于是

$$y^{(n)}=[2(1-x)^{-\frac{1}{2}}]^{(n)}-[(1-x)^{\frac{1}{2}}]^{(n)}$$
$$=2\cdot(-1)^n(-\frac{1}{2})(-\frac{1}{2}-1)\cdots(-\frac{1}{2}-n+1)(1-x)^{-\frac{1}{2}-n}-(-1)^n\frac{1}{2}(\frac{1}{2}-1)$$
$$\cdots(\frac{1}{2}-n+1)(1-x)^{\frac{1}{2}-n}=\frac{(2n-1)!!}{2^{n-1}}(1-x)^{-\frac{1}{2}-n}+\frac{(2n-3)!!}{2^n}(1-x)^{\frac{1}{2}-n}.$$

A 类题

1. 计算下列所给函数指定阶数的导数:

(1) 设 $f''(x)$存在,求 $y=\ln[f(x)]$的二阶导数;

（2） $y=x^3\ln x$，求 $y^{(4)}$；

（3） $f(x)=\sin x\sin 2x\sin 3x$，求 $f^{(21)}(0)$.

2.用莱布尼兹公式求下列函数的指定阶数的导数：

（1） $y=(x^2-1)e^{2x}$，求 $y^{(20)}$；

（2） $y=x^2\sin 2x$，求 $y^{(50)}$.

B 类题

求下列函数的 n 阶导数：

（1） $y=\sin^2 x$；

（2） $y=xe^x$；

（3） $y=x\ln x$；

（4） $y=\dfrac{1-x}{1+x}$；

（5） $y=\dfrac{1}{x^2-3x+2}$；

（6） $y=e^x\sin x$.

第四节 隐函数及由参数方程所确定的函数的导数 相关变化率

本节要求掌握隐函数导数和由参数方程所确定的函数的导数以及高阶导数的具体求法;会用对数求导法简化函数的求导;理解相关变化率的意义.

1. 隐函数的定义及导数的求法;
2. 对数求导法;
3. 由参数方程所确定的函数的导数;
4. 相关变化率.

例 1 设 $y=y(x)$ 是由方程 $\sqrt{x^2+y^2}=e^{\arctan\frac{y}{x}}$ 确定的隐函数,求 $\frac{d^2y}{dx^2}$.

分析: 隐函数求导一般采用方程两边同时求导. 对于本题函数比较复杂,出现无理式和幂的时候我们先两边同时取对数再求导从而简化运算. 在求导的过程中要注意到 y 是 x 的函数,求导的时候要用到复合函数求导法则.

解: 方程两边取对数 $\frac{1}{2}\ln(x^2+y^2)=\arctan\frac{y}{x}$,两边对 x 求导:

$$\frac{1}{2}\frac{2x+2y\cdot y'}{x^2+y^2}=\frac{1}{1+\left(\frac{y}{x}\right)^2}\cdot\frac{y'x-y}{x^2},\text{即 } y'=\frac{x+y}{x-y}.$$

$$y''=\frac{(1+y')\cdot(x-y)-(x+y)\cdot(1-y')}{(x-y)^2}=\frac{2xy'-2y}{(x-y)^2},$$

将 $y'=\frac{x+y}{x-y}$ 代入上式中,得 $y''=\frac{2(x^2+y^2)}{(x-y)^3}$.

例 2 用对数求导法,求下列函数的导数 $\frac{dy}{dx}$.

(1) $y=\sqrt{e^{\frac{1}{x}}\sqrt{x\sin x}}$;(2) $y=(1+x^2)^{\sin x}$.

分析: 当出现根式和幂指函数时,虽然是显式函数,我们也可先将函数两边同时取对数,再利用隐函数求导法则来处理.

解: (1)将 $y=\sqrt{e^{\frac{1}{x}}\sqrt{x\sin x}}$ 两边取对数,得

$$\ln y=\frac{1}{2x}+\frac{1}{4}\ln|x|+\frac{1}{4}\ln|\sin x|.$$

将上式两边对 x 求导，得

$$\frac{1}{y}y'=-\frac{1}{2x^2}+\frac{1}{4x}+\frac{\cos x}{4\sin x},\left((\ln|x|)'=\frac{1}{x}\right).$$

所以，$y'=y(-\frac{1}{2x^2}+\frac{1}{4x}+\frac{\cos x}{4\sin x})=\sqrt{e^{\frac{1}{x}}\sqrt{x\sin x}}\left(-\frac{1}{2x^2}+\frac{1}{4x}+\frac{1}{4}\cot x\right).$

(2)两边取对数，得

$$\ln y=\sin x\ln(1+x^2),$$

将上式两边对 x 求导，得

$$\frac{1}{y}y'=\cos x\ln(1+x^2)+\frac{2x\sin x}{1+x^2},$$

即 $y'=(1+x^2)^{\sin x}\left[\cos x\ln(1+x^2)+\frac{2x\sin x}{1+x^2}\right].$

例 3　设函数 $y=f(x+y)$，其中 f 具有二阶导数，且 $f'\neq 1$，求$\frac{d^2y}{dx^2}$.

分析：这个函数很容易让人误以为是显式函数. 因为方程两边都有 y，所以还是需要用隐函数求导法则并注意 y 是 x 的函数，f 是关于 x 的复合函数，并且 y'是 x 的函数，f'是关于 x 的复合函数.

解：将 $y=f(x+y)$两边对 x 求导，有

$$y'=f'\cdot(1+y')，即\ y'=\frac{f'}{1-f'}.$$

再将 $y'=f'\cdot(1+y')$两边对 x 求导，有

$$y''=y''f'+(1+y')f''\cdot(1+y')=y''f'+(1+y')^2f''.$$

将 $y'=\frac{f'}{1-f'}$代入并解出 y''即得 $y''=\frac{(1+y')^2f''}{1-f'}=\frac{f''}{(1-f')^3}$.

或者直接由 $y'=\frac{f'}{1-f'}$再对 x 求导，同样可求得 $y''=\frac{f''}{(1-f')^3}$.

例 4　设$\begin{cases}x=\ln(1+t^2)\\y=\arctan t\end{cases}$，求$\frac{dy}{dx}$，$\frac{d^2y}{dx^2}$.

分析：对由参数方程所确定的函数求二阶导数时，一定要注意到底是在对 x 求导还是在对 t 求导.

解：由参数方程求导公式：

$$\frac{dy}{dx}=\frac{\frac{dy}{dt}}{\frac{dx}{dt}}=\frac{\frac{1}{1+t^2}}{\frac{2t}{1+t^2}}=\frac{1}{2t},$$

将该式再对 x 求导，右端先对 t 求导再乘上$\frac{dt}{dx}$得

$$\frac{d^2y}{dx^2}=\left(\frac{1}{2t}\right)'\cdot\frac{dt}{dx}=-\frac{1+t^2}{4t^3}.$$

A类题

1. 求由下列方程所确定的隐函数 y 的导数$\frac{dy}{dx}$：

(1) $2xy=e^{x+y}$；

(2) $y=\sin(x+y)$.

2. 求由下列方程所确定的隐函数的二阶导数：

(1) $s=te^s$，求$\frac{d^2s}{dt^2}$；

(2) $e^y+xy=e$，求 $y''(0)$.

3. 求下列参数方程所确定的函数的导数：

(1) 已知$\begin{cases}x=e^t\sin t\\ y=e^t\cos t\end{cases}$，求$\frac{dy}{dx}$及当$t=\frac{\pi}{3}$时$\frac{dy}{dx}$的值；

(2) 已知$\begin{cases}x=a\cos^3\varphi\\ y=a\sin^3\varphi\end{cases}$，求导数$\frac{dy}{dx}$和$\frac{d^2y}{dx^2}$；

(3) 设$\begin{cases}x=f'(t)\\y=tf'(t)-f(t)\end{cases}$，其中 $f''(t)$存在且不等于零，求$\dfrac{\mathrm{d}y}{\mathrm{d}x}$和$\dfrac{\mathrm{d}^2y}{\mathrm{d}x^2}$.

B 类题

1. 设 $y^2f(x)+xf(y)=x^2$，其中 $f(x)$可微，求$\dfrac{\mathrm{d}y}{\mathrm{d}x}$；

2. 设 $y=y(x)$，由 $x\mathrm{e}^{f(y)}=\mathrm{e}^y$ 确定，$f(x)$具有二阶导数，$f'(x)\neq 1$，求$\dfrac{\mathrm{d}^2y}{\mathrm{d}x^2}$.

第五节　函数的微分

本节要求掌握函数微分的定义以及微分的几何意义；能熟练运用基本初等函数的微分公式和微分运算法则；掌握复合函数的微分法则，理解函数的微分形式不变性并可以利用微分形式不变性来求复合函数的微分.

1. 函数微分的定义及几何意义；
2. 基本初等函数的微分公式与微分运算法则；
3. 复合函数的微分法则及微分形式不变性.

例 1 求下列函数的微分：

(1) $y=\ln(1+x^2)$； (2) $y=\frac{1}{3}\tan^3 x+\tan x$；

(3) $2y-x=(x-y)\ln(x-y)$； (4) $y=x^{\ln x}$.

分析： 求函数的微分可以直接用定义,也可以利用微分形式不变性以及微分运算法则来处理.

解： (1) $\mathrm{d}y=[\ln(1+x^2)]'\mathrm{d}x=\frac{2x}{1+x^2}\mathrm{d}x$

(2) **解法 1:** 因为 $y'=\tan^2 x\cdot\sec^2 x+\sec^2 x=\sec^4 x$，所以有 $\mathrm{d}y=y'\mathrm{d}x=\sec^4 x\mathrm{d}x$.

解法 2: 用微分形式不变性及微分运算法则计算. 因为

$$\begin{aligned}\mathrm{d}y&=\mathrm{d}(\frac{1}{3}\tan^3 x)+\mathrm{d}(\tan x)=\tan^2 x\mathrm{d}(\tan x)+\mathrm{d}(\tan x)\\&=(\tan^2 x+1)\mathrm{d}(\tan x)=\sec^2 x\cdot\sec^2 x\mathrm{d}x=\sec^4 x\mathrm{d}x\end{aligned}$$

(3) **解法 1:** 用 $\mathrm{d}y=y'\mathrm{d}x$ 计算. 先求 y'，方程两边对 x 求导，得

$2y'-1=(1-y')\ln(x-y)+1-y'$，解出 y'，得 $y'=\frac{2+\ln(x-y)}{3+\ln(x-y)}$，

故 $\mathrm{d}y=y'=\frac{2+\ln(x-y)}{3+\ln(x-y)}\mathrm{d}x$.

解法 2: 用微分形式不变性及微分运算法则计算.

因为 $\mathrm{d}(2y-x)=\mathrm{d}[(x-y)\ln(x-y)]$，

$2\mathrm{d}y-\mathrm{d}x=(\mathrm{d}x-\mathrm{d}y)\ln(x-y)+(x-y)\frac{\mathrm{d}x-\mathrm{d}y}{x-y}$，

$[3+\ln(x-y)]\mathrm{d}y=[2+\ln(x-y)]\mathrm{d}x$，

所以 $\mathrm{d}y=\frac{2+\ln(x-y)}{3+\ln(x-y)}\mathrm{d}x$.

(4) 因为 $y=x^{\ln x}=\mathrm{e}^{(\ln x)^2}$，所以

$$\mathrm{d}y=(\mathrm{e}^{(\ln x)^2})'\mathrm{d}x=\mathrm{e}^{(\ln x)^2}\cdot 2\ln x\cdot\frac{1}{x}\mathrm{d}x=2x^{\ln x-1}\ln x\mathrm{d}x.$$

例 2 设函数 $y=f(x)$ 可微，且曲线 $y=f(x)$ 在点 $(x_0, f(x_0))$ 处的切线与直线 $y=2-x$ 垂直，则 $\lim\limits_{\Delta x\to 0}\frac{\Delta y-\mathrm{d}y}{\mathrm{d}y}=$( ).

A. -1 B. 0 C. 1 D. 不存在

分析： $f'(x_0)=1$，由 $\lim\limits_{\Delta x\to 0}\frac{\Delta y-\mathrm{d}y}{\mathrm{d}y}=\lim\limits_{\Delta x\to 0}\frac{o(\Delta x)}{f'(x_0)\Delta x}=\lim\limits_{\Delta x\to 0}\frac{o(\Delta x)}{\Delta x}=0$，应选 B.

A类题

1. 求下列函数的微分：

（1）$y=xe^{x}$；

（2）$y=5^{\ln\tan x}$；

（3）$y=x^{5x}$；

（4）设 $y=f(\ln x)$，$f(x)$可微.

2. 设 $y=y(x)$由方程 $x^{y}=y^{x}$ 所确定(x，y 均大于 0，不等于 1)，求 $\mathrm{d}y$.

第四章　不定积分

第一节　不定积分的概念与性质

本节要求读者清楚原函数与不定积分的概念与基本性质,原函数与不定积分的定义,原函数与不定积分的关系,求不定积分与求微分(导数)的关系,原函数的存在性,原函数的几何意义与力学意义以及初等函数的原函数.

1. 原函数和不定积分概念;
2. 不定积分的性质;
3. 熟练掌握常见的基本积分公式.

例 1　设 $\int xf(x)\mathrm{d}x = \arccos x + C$,求 $f(x)$.

分析: 直接利用不定积分的性质 1:$\frac{\mathrm{d}}{\mathrm{d}x}[\int f(x)\mathrm{d}x] = f(x)$ 即可.

解: 等式两边对 x 求导数得:

$$\because xf(x) = -\frac{1}{\sqrt{1-x^2}},\quad \therefore f(x) = -\frac{1}{x\sqrt{1-x^2}}.$$

例 2　设 $f(x)$的导函数为 $\sin x$,求 $f(x)$的原函数全体.

分析: 连续两次求不定积分即可.

解: 由题意可知,$f(x) = \int \sin x\,\mathrm{d}x = -\cos x + C_1$

所以 $f(x)$的原函数全体为:

$$\int(-\cos x + C_1)\mathrm{d}x = -\sin x + C_1 x + C_2.$$

例 3　一物体由静止开始运动,经 t 秒后的速度是 $3t^2$(米/秒),问:

(1) 在 3s 后物体离开出发点的距离是多少?

(2) 物体走完 360m 需要多少时间?

分析: 求得物体的位移方程的一般式,然后将条件代入方程即可.

解: 设物体的位移方程为: $y=f(t)$,

则由速度和位移的关系可得: $\frac{\mathrm{d}}{\mathrm{d}t}[f(t)]=3t^2 \Rightarrow f(t)=t^3+C$,

又因为物体是由静止开始运动的, ∴ $f(0)=0$, ∴ $C=0$, ∴ $f(t)=t^3$.

(1) 3s 后物体离开出发点的距离为: $f(3)=3^3=27\mathrm{m}$;

(2) 令 $t^3=360 \Rightarrow t=\sqrt[3]{360}\,\mathrm{s}$.

A 类题

计算下列各题:

(1) $\int \frac{\sqrt{3}\sin^3 x-2}{\sin^2 x}\mathrm{d}x$;　　(2) $\int \frac{x^2-2\mathrm{e}x+\mathrm{e}^2}{x-\mathrm{e}}\mathrm{d}x$.

(3) $\int \left(\cos\frac{x}{2}-\sin\frac{x}{2}\right)^2\mathrm{d}x$;　　(4) $\int \mathrm{e}^x\left(1-\frac{1}{\cos^2 x}\mathrm{e}^{-x}\right)\mathrm{d}x$;

(5) $\int 3^x\mathrm{e}^x\,\mathrm{d}x$;　　(6) $\int \frac{\cos 2x}{\sin^2 x\cos^2 x}\mathrm{d}x$;

(7) $\int \frac{1}{1+\cos 2x}\mathrm{d}x$;　　(8) $\int \frac{1+\cos^2 x}{1+\cos 2x}\mathrm{d}x$;

(9) $\int \frac{3x^4+3x^2+1}{1+x^2}\mathrm{d}x$;　　　　(10) $\int \tan^2 x\,\mathrm{d}x$.

B 类题

已知 $f'(x)=|x|$ 且 $f(-2)=a$ 求 $f(x)$.

第二节　换元积分法

本节要求读者清楚关于不定积分的计算和积分法则。最基本的积分方法是分项积分法、分段积分法、换元积分法和分部积分法。而换元积分法对不定积分又分第一类换元积分法(凑微分法)与第二类换元积分法，当被积函数或原函数分段表示时要用分段积分法。

1. 第一类换元法(凑微分法)；
2. 第二类换元法.

典型例题

例 1　求 $\int \frac{\mathrm{d}x}{x\ln x\ln\ln x}$.

分析：连续三次应用公式凑微分即可.

解：$\int \frac{\mathrm{d}x}{x\ln x\ln\ln x}=\int \frac{\mathrm{d}(\ln|x|)}{\ln x\ln\ln x}=\int \frac{\mathrm{d}(\ln|\ln x|)}{\ln\ln x}=\ln|\ln\ln x|+C$.

例 2　$\int \frac{\arctan\sqrt{x}}{\sqrt{x}(1+x)}\mathrm{d}x$.

分析：凑微分 $\frac{\arctan\sqrt{x}}{\sqrt{x}(1+x)}\mathrm{d}x=\frac{2\arctan\sqrt{x}}{1+(\sqrt{x})^2}\mathrm{d}\sqrt{x}=2\arctan\sqrt{x}\,\mathrm{d}(\arctan\sqrt{x})$.

解：$\int \frac{\arctan\sqrt{x}}{\sqrt{x}(1+x)}dx=\int \frac{2\arctan\sqrt{x}}{1+(\sqrt{x})^2}d\sqrt{x}=\int 2\arctan\sqrt{x}\,d(\arctan\sqrt{x})$

$$=(\arctan\sqrt{x})^2+C.$$

例 3　$\int \frac{\ln\tan x}{\cos x\sin x}dx$.

分析： 被积函数中间变量为 $\tan x$，故须在微分中凑出 $\tan x$，即被积函数中凑出 $\sec^2 x$，

$$\frac{\ln\tan x}{\cos x\sin x}dx=\frac{\ln\tan x}{\cos^2 x\tan x}dx=\frac{\ln\tan x}{\tan x}\sec^2 x\,dx=\frac{\ln\tan x}{\tan x}d\tan x$$

$$=\ln\tan x\,d(\ln\tan x)=d\left[\frac{1}{2}(\ln\tan x)^2\right].$$

解：$\int \frac{\ln\tan x}{\cos x\sin x}dx=\int \frac{\ln\tan x}{\cos^2 x\tan x}dx=\int \frac{\ln\tan x}{\tan x}d\tan x=\int \ln\tan x\,d(\ln\tan x)$

$$=\frac{1}{2}(\ln\tan x)^2+C.$$

例 4　$\int \frac{1+\ln x}{(x\ln x)^2}dx$.

分析： $d(x\ln x)=(1+\ln x)dx$.

解：$\int \frac{1+\ln x}{(x\ln x)^2}dx=\int \frac{1}{(x\ln x)^2}d(x\ln x)=-\frac{1}{x\ln x}+C.$

例 5　$\int \frac{dx}{1-e^x}$.

解法 1：

分析： 将被积函数的分子分母同时除以 e^x，则凑微分易得.

$$\int \frac{dx}{1-e^x}=\int \frac{e^{-x}}{e^{-x}-1}dx=-\int \frac{1}{e^{-x}-1}d(e^{-x})=-\int \frac{1}{e^{-x}-1}d(e^{-x}-1)$$

$$=-\ln|e^{-x}-1|+C.$$

解法 2：

分析： 分项后凑微分.

$$\int \frac{dx}{1-e^x}=\int \frac{1-e^x+e^x}{1-e^x}dx=\int 1dx+\int \frac{e^x}{1-e^x}dx=x-\int \frac{1}{1-e^x}d(1-e^x)$$

$$=x-\ln|1-e^x|+C=x-\ln(e^x|e^{-x}-1|)+C$$

$$=x-(\ln e^x-\ln|e^{-x}-1|)+C=-\ln|e^{-x}-1|+C.$$

解法 3：

分析： 将被积函数的分子分母同时乘以 e^x，裂项后凑微分.

$$\int \frac{dx}{1-e^x}=\int \frac{e^x dx}{e^x(1-e^x)}=\int \frac{de^x}{e^x(1-e^x)}=\int \left[\frac{1}{e^x}+\frac{1}{1-e^x}\right]de^x$$

$$=\ln e^{x}-\int \frac{1}{1-e^{x}}d(1-e^{x})$$

$$=x-\ln|1-e^{x}|+C=-\ln|e^{-x}-1|+C.$$

一、换元积分法(一)

A 类题

计算下列各题:

(1) $\int \frac{1}{(1-2x)^{3}}dx$;

(2) $\int \frac{\arctan x}{1+x^{2}}dx$;

(3) $\int e^{x}\cos e^{x}\,dx$;

(4) $\int \tan^{3}x\,dx$;

(5) $\int \sin^{3}x\cos^{2}x\,dx$;

(6) $\int (\sin x\cos x)^{2}dx$;

(7) $\int \frac{1}{\sqrt{x}\sin^{2}\sqrt{x}}dx$;

(8) $\int \frac{1}{e^{x}+e^{-x}}dx$;

(9) $\int \frac{1}{x(4+x^6)}\mathrm{d}x$；

(10) $\int \frac{\ln(1+x)-\ln x}{x(1+x)}\mathrm{d}x$；

(11) $\int \frac{\cos x}{\sin^2 x-6\sin x+12}\mathrm{d}x$；

(12) $\int \frac{\cos x}{\sin x+\cos x}\mathrm{d}x$；

(13) $\int \frac{\cot x}{\ln\sin x}\mathrm{d}x$；

(14) $\int \frac{1}{\sqrt{2x+3}+\sqrt{2x-1}}\mathrm{d}x$；

(15) $\int \frac{1}{\sqrt{x-x^2}}\mathrm{d}x$；

(16) $\int \frac{1}{\sin 2x-2\sin x}\mathrm{d}x$.

B 类题

计算下列各题：

(1) $\int \frac{1}{x\sqrt{x^2-1}}\mathrm{d}x$ ；

(2) $\int \frac{x^3}{1+\sqrt{x^4+1}}\mathrm{d}x$.

二、换元积分法(二)

A 类题

计算下列各题：

(1) $\int \frac{\sqrt{x^2-9}}{x}\mathrm{d}x$ ；

(2) $\int \frac{1}{\sqrt{(1+x^2)^3}}\mathrm{d}x$ ；

(3) $\int \sqrt{e^x+1}\,dx$ ；

(4) $\int \frac{1}{\sqrt{(1-x^2)^3}}dx$ ；

(5) $\int \frac{x^2}{\sqrt{1-x^2}}dx$ ；

(6) $\int \frac{1}{x+\sqrt{1-x^2}}dx$.

B 类题

$\int \sqrt{\frac{1-x}{1+x}}\,\frac{1}{x}dx$.

第三节　分部积分法

本节需要掌握分部积分法的过程.针对被积函数分成的两部分,熟练 u 和 $\mathrm{d}v$ 的选择原则:①积分容易者选为 $\mathrm{d}v$;②求导简单者选为 u.在二者不可兼得的情况下,首先要保证的是前者.

1. 分部积分法:$\int u(x)\mathrm{d}v(x)=u(x)v(x)-\int v(x)\mathrm{d}u(x)$(其中 $u(x)$,$v(x)$具有连续导数).

例 1　求 $\int \mathrm{e}^{-x}\cos x\,\mathrm{d}x$.

分析:严格按照"反、对、幂、三、指"顺序凑微分即可.

解:$\because \int \mathrm{e}^{-x}\cos x\,\mathrm{d}x=\int \cos x\,\mathrm{d}(-\mathrm{e}^{-x})=-\mathrm{e}^{-x}\cos x-\int \mathrm{e}^{-x}\sin x\,\mathrm{d}x$

$$=-\mathrm{e}^{-x}\cos x-\int \sin x\,\mathrm{d}(-\mathrm{e}^{-x})$$

$$=-\mathrm{e}^{-x}\cos x+\mathrm{e}^{-x}\sin x-\int \mathrm{e}^{-x}\cos x\,\mathrm{d}x$$

$$\therefore \int \mathrm{e}^{-x}\cos x\,\mathrm{d}x=\frac{\mathrm{e}^{-x}}{2}(\sin x-\cos x)+C.$$

例 2　已知 $f(x)=\frac{\mathrm{e}^x}{x}$,求 $\int x f''(x)\mathrm{d}x$.

分析:积分 $\int x f''(x)\mathrm{d}x$ 中出现了 $f''(x)$,应马上知道积分应使用分部积分.

解:$\because \int x f''(x)\mathrm{d}x=\int x\,\mathrm{d}(f'(x))=x f'(x)-\int f'(x)\mathrm{d}x=x f'(x)-f(x)+C.$

又 $\because f(x)=\frac{\mathrm{e}^x}{x}$,

$$\therefore f'(x)=\frac{x\mathrm{e}^x-\mathrm{e}^x}{x^2}=\frac{\mathrm{e}^x(x-1)}{x^2},$$

$$\therefore x f'(x)=\frac{\mathrm{e}^x(x-1)}{x};$$

$$\therefore \int x f''(x)\mathrm{d}x=\frac{\mathrm{e}^x(x-1)}{x}-\frac{\mathrm{e}^x}{x}+C=\frac{\mathrm{e}^x(x-2)}{x}+C.$$

例 3 设 $I_n=\int\frac{\mathrm{d}x}{\sin^n x}$,$(n\geqslant 2)$;证明 $I_n=-\frac{1}{n-1}\cdot\frac{\cos x}{\sin^{n-1}x}+\frac{n-2}{n-1}I_{n-2}$.

分析: 要证明的目标表达式中出现了 I_n,$\frac{\cos x}{\sin^{n-1}x}$和 I_{n-2} 提示我们如何在被积函数的表达式$\frac{1}{\sin^n x}$中变出$\frac{\cos x}{\sin^{n-1}x}$ 和$\frac{1}{\sin^{n-2}x}$ 呢?这里涉及到三角函数中 1 的变形应用,初等数学中有过专门的介绍,这里 1 可变为$\sin^2 x+\cos^2 x$.

证明: $\because\ 1=\sin^2 x+\cos^2 x$

$$\therefore I_n=\int\frac{\mathrm{d}x}{\sin^n x}=\int\frac{\sin^2 x+\cos^2 x}{\sin^n x}\mathrm{d}x=\int\frac{\cos^2 x}{\sin^n x}\mathrm{d}x+\int\frac{\sin^2 x}{\sin^n x}\mathrm{d}x$$

$$=\int\frac{\cos^2 x}{\sin^n x}\mathrm{d}x+\int\frac{1}{\sin^{n-2}x}\mathrm{d}x$$

$$=\int\frac{\cos^2 x}{\sin^n x}\mathrm{d}x+I_{n-2}=\int\frac{\cos x}{\sin^n x}\mathrm{d}\sin x+I_{n-2}$$

$$=\frac{\cos x}{\sin^n x}\sin x-\int\sin x\cdot\frac{-\sin x\cdot\sin^n x-n\sin^{n-1}x\cos^2 x}{\sin^{2n}x}\mathrm{d}x+I_{n-2}$$

$$=\frac{\cos x}{\sin^{n-1}x}+I_{n-2}+n\int\frac{\cos^2 x}{\sin^n x}\mathrm{d}x+I_{n-2}$$

$$=\frac{\cos x}{\sin^{n-1}x}+I_{n-2}+n\int\frac{1-\sin^2 x}{\sin^n x}\mathrm{d}x+I_{n-2}$$

$$=\frac{\cos x}{\sin^{n-1}x}+I_{n-2}+nI_n-nI_{n-2}+I_{n-2}=\frac{\cos x}{\sin^{n-1}x}+nI_n-(n-2)I_{n-2}$$

$$\therefore I_n=-\frac{1}{n-1}\cdot\frac{\cos x}{\sin^{n-1}x}+\frac{n-2}{n-1}I_{n-2}.$$

例 4 设 $f(x)$为单调连续函数,$f^{-1}(x)$为其反函数,且$\int f(x)\mathrm{d}x=F(x)+C$,求$\int f^{-1}(x)\mathrm{d}x$.

分析: 要明白 $x=f(f^{-1}(x))$这一恒等式,在分部积分过程中适时替换.

解: $\because\ \int f^{-1}(x)\mathrm{d}x=xf^{-1}(x)-\int x\,\mathrm{d}(f^{-1}(x))$

又 $\because\ x=f(f^{-1}(x))$

$$\therefore \int f^{-1}(x)\mathrm{d}x=f^{-1}(x)-\int x\,\mathrm{d}(f^{-1}(x))=f^{-1}(x)-\int f(f^{-1}(x))\mathrm{d}(f^{-1}(x))$$

又 $\because\ \int f(x)\mathrm{d}x=F(x)+C$

$$\therefore \int f^{-1}(x)\mathrm{d}x=f^{-1}(x)-\int f(f^{-1}(x))\mathrm{d}(f^{-1}(x))=f^{-1}(x)-F(f^{-1}(x))+C.$$

A类题

(1) $\int x^2 \ln x \, dx$ ；

(2) $\int x \tan^2 x \, dx$ ；

(3) $\int \frac{x \cos x}{\sin^3 x} dx$ ；

(4) $\int e^{\sqrt{x}} dx$ ；

(5) $\int (\ln x)^2 dx$ ；

(6) $\int x \tan x \sec^4 x \, dx$ ；

(7) $\int e^{\sin x} \frac{x \cos^3 x - \sin x}{\cos^2 x} dx$ ；

(8) $\int \frac{e^x(1 + x \ln x)}{x} dx$ ；

(9) $\int \frac{x^3}{\sqrt{1+x^2}}\mathrm{d}x$ ；

(10) $\int \frac{\arcsin\sqrt{x}}{\sqrt{x}}\mathrm{d}x$ ；

(11) $\int \left(\frac{\ln x}{x}\right)^2 \mathrm{d}x$.

第四节　几种特殊类型函数的积分

本节要求读者清楚有理函数积分的通有原则：有理函数多项式与真分式的代数和，进而用第一或者第二换元法求解，针对三角函数的有理式，要求读者会使用万能代换等方法.

知识要点

1. 有理函数总可以化为多项式与真分式的和，而真分式总可以分解为可以求积分的分式之和；

2. 三角有理函数的万能代换法；

3. 会用换元法求无理函数的积分.

典型例题

例 1　求 $\int \frac{x^5+x^4-8}{x^3-x}\mathrm{d}x$.

分析： 被积函数为假分式，先将被积函数分解为一个整式加上一个真分式的形式，然后分项积分.

解： $\because \frac{x^5+x^4-8}{x^3-x}=\frac{(x^5-x^3)+(x^4-x^2)+(x^3-x)+x^2+x-8}{x^3-x}$

$$=x^2+x+1+\frac{x^2+x-8}{x^3-x},$$

而 $x^3-x=x(x+1)(x-1)$,

令$\frac{x^2+x-8}{x^3-x}=\frac{A}{x}+\frac{B}{x+1}+\frac{C}{x-1}$,等式右边通分后比较两边分子 x 的同次项的系数得:

$$\begin{cases}A+B+C=1\\C-B=1\\A=8\end{cases}\quad 解此方程组得:\begin{cases}A=8\\B=-4\\C=-3\end{cases}$$

$$\therefore \frac{x^5+x^4-8}{x^3-x}=x^2+x+1+\frac{8}{x}-\frac{4}{x+1}-\frac{3}{x-1}$$

$$\therefore \int\frac{x^5+x^4-8}{x^3-x}\mathrm{d}x=\int\left(x^2+x+1+\frac{8}{x}-\frac{4}{x+1}-\frac{3}{x-1}\right)\mathrm{d}x$$

$$=\frac{1}{3}x^3+\frac{1}{2}x^2+x+8\ln|x|-4\ln|x+1|-3\ln|x-1|+C.$$

例 2 求$\int\frac{\mathrm{d}x}{x^4+1}$.

分析: 将被积函数裂项后分项积分.

解: $\because x^4+1=(x^2+1-\sqrt{2}x)(x^2+1+\sqrt{2}x)$

令$\frac{1}{x^4+1}=\frac{Ax+B}{x^2+1-\sqrt{2}x}+\frac{Cx+D}{x^2+1+\sqrt{2}x}$,等式右边通分后比较两边分子 x 的同次项的系数得:

$$\begin{cases}A+C=0\\\sqrt{2}A+B-\sqrt{2}C+D=0\\A+\sqrt{2}B+C-\sqrt{2}D=0\\B+D=1\end{cases}\quad 解之得:\begin{cases}A=-\frac{\sqrt{2}}{4}\\B=\frac{1}{2}\\C=\frac{\sqrt{2}}{4}\\D=\frac{1}{2}\end{cases}$$

$$\therefore \frac{1}{x^4+1}=-\frac{1}{4}\frac{\sqrt{2}x-2}{x^2+1-\sqrt{2}x}+\frac{1}{4}\frac{\sqrt{2}x+2}{x^2+1+\sqrt{2}x}$$

$$=-\frac{\sqrt{2}}{8}\frac{(2x-\sqrt{2})-\sqrt{2}}{\left(x-\frac{\sqrt{2}}{2}\right)^2+\frac{1}{2}}+\frac{\sqrt{2}}{8}\frac{(2x+\sqrt{2})+\sqrt{2}}{\left(x+\frac{\sqrt{2}}{2}\right)^2+\frac{1}{2}}$$

$$=\frac{\sqrt{2}}{8}\left[\frac{(2x+\sqrt{2})}{\left(x+\frac{\sqrt{2}}{2}\right)^2+\frac{1}{2}}-\frac{(2x-\sqrt{2})}{\left(x-\frac{\sqrt{2}}{2}\right)^2+\frac{1}{2}}\right]+\frac{1}{4}\left[\frac{1}{(x+\frac{\sqrt{2}}{2})^2+\frac{1}{2}}+\right.$$

$$\left.\frac{1}{\left(x-\frac{\sqrt{2}}{2}\right)^{2}+\frac{1}{2}}\right]$$

$$\therefore \int\frac{dx}{x^{4}+1}=\frac{\sqrt{2}}{8}\int\left[\frac{(2x+\sqrt{2})}{\left(x+\frac{\sqrt{2}}{2}\right)^{2}+\frac{1}{2}}-\frac{(2x-\sqrt{2})}{\left(x-\frac{\sqrt{2}}{2}\right)^{2}+\frac{1}{2}}\right]dx$$

$$+\frac{1}{4}\int\left[\frac{1}{\left(x+\frac{\sqrt{2}}{2}\right)^{2}+\frac{1}{2}}+\frac{1}{\left(x-\frac{\sqrt{2}}{2}\right)^{2}+\frac{1}{2}}\right]dx$$

$$=\frac{\sqrt{2}}{8}\left[\int\frac{(2x+\sqrt{2})}{x^{2}+1+\sqrt{2}x}dx-\int\frac{(2x-\sqrt{2})}{x^{2}+1-\sqrt{2}x}dx\right]+\frac{1}{4}\left[\int\frac{1}{\left(x+\frac{\sqrt{2}}{2}\right)^{2}+\frac{1}{2}}dx\right.$$

$$\left.+\int\frac{1}{\left(x-\frac{\sqrt{2}}{2}\right)^{2}+\frac{1}{2}}dx\right]$$

$$=\frac{\sqrt{2}}{8}\left[\int\frac{1}{x^{2}+1+\sqrt{2}x}d(x^{2}+1+\sqrt{2}x)-\int\frac{1}{x^{2}+1-\sqrt{2}x}d(x^{2}+1-\sqrt{2}x)\right]$$

$$+\frac{\sqrt{2}}{4}\left[\int\frac{1}{(\sqrt{2}x+1)^{2}+1}d(\sqrt{2}x+1)+\int\frac{1}{(\sqrt{2}x-1)^{2}+1}d(\sqrt{2}x-1)\right]$$

$$=\frac{\sqrt{2}}{8}\ln\frac{x^{2}+\sqrt{2}x+1}{x^{2}-\sqrt{2}x+1}+\frac{\sqrt{2}}{4}[\arctan(\sqrt{2}x+1)+\arctan(\sqrt{2}x-1)]+C$$

$$=-\frac{\sqrt{2}}{8}\ln\frac{x^{2}-\sqrt{2}x+1}{x^{2}+\sqrt{2}x+1}+\frac{\sqrt{2}}{4}(\arctan\frac{\sqrt{2}x}{1-x^{2}})+C.$$

注：由导数的性质可证 $\arctan(\sqrt{2}x+1)+\arctan(\sqrt{2}x-1)=\arctan\frac{\sqrt{2}x}{1-x^{2}}$.

本题的另一种解法：

$$\because\quad \frac{1}{x^{4}+1}=\frac{1}{2}\left[\frac{x^{2}+1}{x^{4}+1}-\frac{x^{2}-1}{x^{4}+1}\right]$$

$$\therefore\quad \int\frac{dx}{x^{4}+1}=\frac{1}{2}\left[\int\frac{x^{2}+1}{x^{4}+1}dx-\int\frac{x^{2}-1}{x^{4}+1}dx\right]=\frac{1}{2}\left[\int\frac{1+\frac{1}{x^{2}}}{x^{2}+\frac{1}{x^{2}}}dx-\int\frac{1-\frac{1}{x^{2}}}{x^{2}+\frac{1}{x^{2}}}dx\right]$$

$$=\frac{1}{2}\left[\int\frac{1}{x^{2}+\frac{1}{x^{2}}}d(x-\frac{1}{x})-\int\frac{1}{x^{2}+\frac{1}{x^{2}}}d(x+\frac{1}{x})\right]$$

$$=\frac{1}{2}\left[\int\frac{1}{\left(x-\frac{1}{x}\right)^{2}+2}d(x-\frac{1}{x})-\int\frac{1}{\left(x+\frac{1}{x}\right)^{2}-2}d(x+\frac{1}{x})\right]$$

$$=\frac{\sqrt{2}}{4}\int\frac{1}{\left(\dfrac{x-\dfrac{1}{x}}{\sqrt{2}}\right)^2+1}\mathrm{d}\left(\frac{x-\dfrac{1}{x}}{\sqrt{2}}\right)-\frac{\sqrt{2}}{8}\left[\int\left(\frac{1}{\left(x+\dfrac{1}{x}\right)-\sqrt{2}}\right.\right.$$

$$\left.\left.-\frac{1}{(x+\dfrac{1}{x})+\sqrt{2}}\right)\mathrm{d}\left(x+\frac{1}{x}\right)\right]$$

$$=\frac{\sqrt{2}}{4}\int\frac{1}{1+\left(\dfrac{x^2-1}{\sqrt{2}x}\right)^2}\mathrm{d}\left(\frac{x^2-1}{\sqrt{2}x}\right)-\frac{\sqrt{2}}{8}\left[\int\frac{1}{x+\dfrac{1}{x}-\sqrt{2}}\mathrm{d}(x+\frac{1}{x}-\sqrt{2})\right.$$

$$\left.-\int\frac{1}{x+\dfrac{1}{x}+\sqrt{2}}\mathrm{d}(x+\frac{1}{x}+\sqrt{2})\right]$$

$$=\frac{\sqrt{2}}{4}\arctan\frac{x^2-1}{\sqrt{2}x}-\frac{\sqrt{2}}{8}\ln\left|\frac{x+\dfrac{1}{x}-\sqrt{2}}{x+\dfrac{1}{x}+\sqrt{2}}\right|+C$$

$$=\frac{\sqrt{2}}{4}\arctan\frac{x^2-1}{\sqrt{2}x}-\frac{\sqrt{2}}{8}\ln\frac{x^2-\sqrt{2}x+1}{x^2+\sqrt{2}x+1}+C$$

$$=\frac{\sqrt{2}}{8}\ln\frac{x^2+\sqrt{2}x+1}{x^2-\sqrt{2}x+1}+\frac{\sqrt{2}}{4}\left(\arctan\frac{\sqrt{2}x}{1-x^2}\right)+C.$$

注:由导数的性质可证 $\arctan\dfrac{x^2-1}{\sqrt{2}x}=\dfrac{\pi}{2}+\arctan\dfrac{\sqrt{2}x}{1-x^2}$.

例 3 求 $\displaystyle\int\frac{\mathrm{d}x}{3+\cos x}$.

分析: 万能代换.

解: 令 $t=\tan\dfrac{x}{2}$,则 $\cos x=\dfrac{1-t^2}{1+t^2}$,$\mathrm{d}x=\dfrac{2\mathrm{d}t}{1+t^2}$;

$$\therefore\quad\int\frac{\mathrm{d}x}{3+\cos x}=\int\frac{\dfrac{2\mathrm{d}t}{1+t^2}}{3+\dfrac{1-t^2}{1+t^2}}=\int\frac{\mathrm{d}t}{2+t^2}=\frac{1}{\sqrt{2}}\arctan\frac{t}{\sqrt{2}}+C$$

$$\therefore\quad\int\frac{\mathrm{d}x}{3+\cos x}=\frac{1}{\sqrt{2}}\arctan(\frac{1}{\sqrt{2}}\tan\frac{x}{2})+C.$$

注:另一种解法是:

$$\int\frac{\mathrm{d}x}{3+\cos x}=\int\frac{\mathrm{d}x}{3+2\cos^2\dfrac{x}{2}-1}=\frac{1}{2}\int\frac{\mathrm{d}x}{1+\cos^2\dfrac{x}{2}}=\frac{1}{2}\int\frac{\sec^2\dfrac{x}{2}}{\sec^2\dfrac{x}{2}+1}\mathrm{d}x$$

$$\int \frac{1}{\tan^2 \frac{x}{2}+2} \mathrm{d}\tan \frac{x}{2}=\int \frac{1}{(\tan \frac{x}{2})^2+(\sqrt{2})^2} \mathrm{d}\tan \frac{x}{2}=\frac{1}{\sqrt{2}}\arctan(\frac{1}{\sqrt{2}}\tan \frac{x}{2})+C.$$

一、有理函数的积分

A 类题

计算下列有理函数的积分：

(1) $\int \frac{x^3}{x-1}\mathrm{d}x$ ；

(2) $\int \frac{x-2}{x^2-7x+12}\mathrm{d}x$ ；

(3) $\int \frac{2x^2-3x-3}{(x-1)(x^2-2x+5)}\mathrm{d}x$ ；

(4) $\int \frac{1}{x^3+1}\mathrm{d}x$ ；

(5) $\int \frac{1}{(x+1)(x+2)(x+3)}\mathrm{d}x$ ；

(6) $\int \frac{1}{x(x^2+1)}\mathrm{d}x$ ；

(7) $\int \frac{x^2}{(1-x)^{100}}\mathrm{d}x$ ；

(8) $\int \frac{x^2+5x+4}{x^4+5x^2+4}\mathrm{d}x$ ；

(9) $\int \frac{1}{(x-1)(x^2+1)^2}\mathrm{d}x$ ；

(10) $\int \frac{1}{(x^2-4x+4)(x^2-4x+5)}\mathrm{d}x$ ；

(11) $\int \frac{x^7}{x^4+2}\mathrm{d}x$ ；

(12) $\int \frac{3x^4+x^3+4x^2+1}{x^5+2x^3+x}\mathrm{d}x$.

二、三角函数有理式与无理函数的积分

A类题

计算下列各题：

(1) $\int \frac{1}{\sin x\cos x}\mathrm{d}x$ ；

(2) $\int \frac{\sin^5 x}{\cos^2 x}\mathrm{d}x$ ；

(3) $\int \frac{1+\sin 2x}{\sin^2 x}\mathrm{d}x$；

(4) $\int \frac{1}{\sin^3 x\cos x}\mathrm{d}x$；

(5) $\int \frac{2-\sin x}{2+\cos x}\mathrm{d}x$；

(6) $\int \frac{\sin x\cos x}{\sin x+\cos x}\mathrm{d}x$；

(7) $\int \frac{1}{(2+\cos x)\sin x}\mathrm{d}x$；

(8) $\int \frac{1}{1+\cos x+\sin x}\mathrm{d}x$；

(9) $\int \frac{(\sqrt{x})^3+1}{1+\sqrt{x}}\mathrm{d}x$；

(10) $\int \frac{1}{\sqrt{x}(1+x)}\mathrm{d}x$；

(11) $\int x\sqrt{x^4+2x^2-1}\,\mathrm{d}x$;

(12) $\int \sqrt{\frac{1-x}{1+x}}\,\frac{1}{x}\,\mathrm{d}x$;

(13) $\int \frac{x+1}{\sqrt{x^2+x+1}}\,\mathrm{d}x$;

(14) $\int \frac{1}{x^2\sqrt{2x-x^2}}\,\mathrm{d}x$;

(15) $\int \frac{1+\sqrt{1+x}}{\sqrt[6]{(1+x)^5}\,(1+\sqrt[3]{1+x})}\,\mathrm{d}x$.

第六章 定积分的应用

定积分的元素法及定积分在几何学上的应用

本节要求理解元素法的解题思路以及适用范围；掌握定积分在几何学上的应用，能熟练应用元素法求平面直角坐标系以及极坐标系下平面图形的面积、旋转体以及平行截面面积已知的立体体积和平面曲线的弧长.

1. 元素法；
2. 平面图形面积；
3. 旋转体体积，平行截面面积已知的立体体积；
4. 平面曲线的弧长.

例 1 求心形线 $\rho=a(1+\cos\theta)$ 与圆 $\rho=3a\cos\theta$ 所围公共部分图形的面积.

分析： 曲线方程是由极坐标系给出时用极坐标的面积计算公式来处理. 当图形有对称性的时候利用对称性来简化运算. 先联立两个方程求出交点，从而确定积分限.

解： 由于图形关于极轴对称，故所求图形的面积等于极轴上方阴影部分面积的 2 倍. 解方程组

$$\begin{cases}\rho=a(1+\cos\theta)\\ \rho=3a\cos\theta\end{cases}$$

有：$1+\cos\theta=3\cos\theta$，由此解得 $\theta=\dfrac{\pi}{3}$，故所求面积为

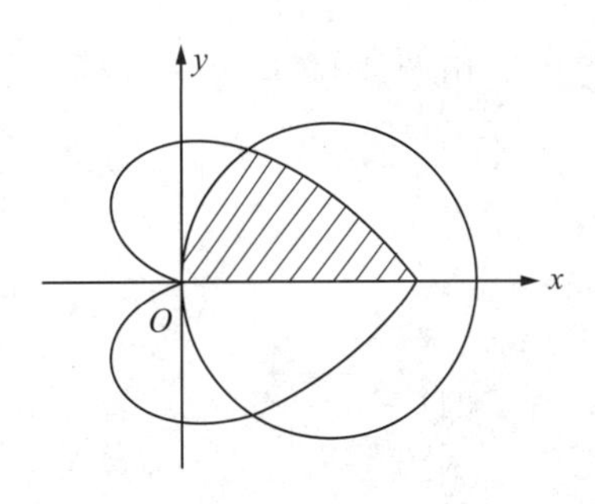

$$A=2\left[\int_0^{\frac{\pi}{3}}\frac{1}{2}a^2(1+\cos\theta)^2\mathrm{d}\theta+\int_{\frac{\pi}{3}}^{\frac{\pi}{2}}\frac{1}{2}\cdot 9a^2\cos^2\theta\,\mathrm{d}\theta\right]$$

$$=\int_0^{\frac{\pi}{3}}a^2(1+\cos\theta)^2\mathrm{d}\theta+\int_{\frac{\pi}{3}}^{\frac{\pi}{2}}9a^2\cos^2\theta\,\mathrm{d}\theta$$

$$=a^2\left[\left(\frac{3}{2}\theta+2\sin\theta+\frac{1}{4}\sin2\theta\right)\Big|_0^{\frac{\pi}{3}}+\frac{9}{2}\left(\theta+\frac{1}{2}\sin2\theta\right)\Big|_{\frac{\pi}{3}}^{\frac{\pi}{2}}\right]$$

$$=\frac{5}{4}\pi a^2$$

例 2 求抛物线 $y=\frac{1}{2}x^2$ 被圆 $x^2+y^2=3$ 所截下的有限部分的弧长.

分析: 先联立方程解出交点确定积分限,然后代入直角坐标系的弧长公式.

解: 首先联立方程$\begin{cases}y=\frac{1}{2}x^2\\x^2+y^2=3\end{cases}$,解得 $x=\pm\sqrt{2}$,则交点为$(\pm\sqrt{2},1)$,且弧长微分

$$\mathrm{d}s=\sqrt{1+\left[\left(\frac{1}{2}x^2\right)'\right]^2}\,\mathrm{d}x=\sqrt{1+x^2}\,\mathrm{d}x,$$

弧长 $s=\int_{-\sqrt{2}}^{\sqrt{2}}\sqrt{1+x^2}\,\mathrm{d}x=2\int_0^{\sqrt{2}}\sqrt{1+x^2}\,\mathrm{d}x$,

$$\int\sqrt{1+x^2}\,\mathrm{d}x=x\sqrt{1+x^2}-\int\frac{x^2}{\sqrt{1+x^2}}\mathrm{d}x$$

$$=x\sqrt{1+x^2}-\int\frac{x^2+1}{\sqrt{1+x^2}}\mathrm{d}x+\int\frac{1}{\sqrt{1+x^2}}\mathrm{d}x,$$

$$=x\sqrt{1+x^2}-\int\sqrt{1+x^2}\,\mathrm{d}x+\ln(x+\sqrt{1+x^2})$$

$$=\frac{1}{2}[x\sqrt{1+x^2}+\ln(x+\sqrt{1+x^2})],$$

故 $s=[x\sqrt{1+x^2}+\ln(x+\sqrt{1+x^2})]\Big|_0^{\sqrt{2}}=\sqrt{6}+\ln(\sqrt{2}+\sqrt{3})$.

例 3 设两曲线 $y=a\sqrt{x}\,(a>0)$ 与 $y=\ln\sqrt{x}$ 在(x_0,y_0)处有公切线,求这两曲线与 x 轴旋转而成的旋转体的体积 V.

分析: 曲线中有参数的时候先根据已知条件确定参数值.

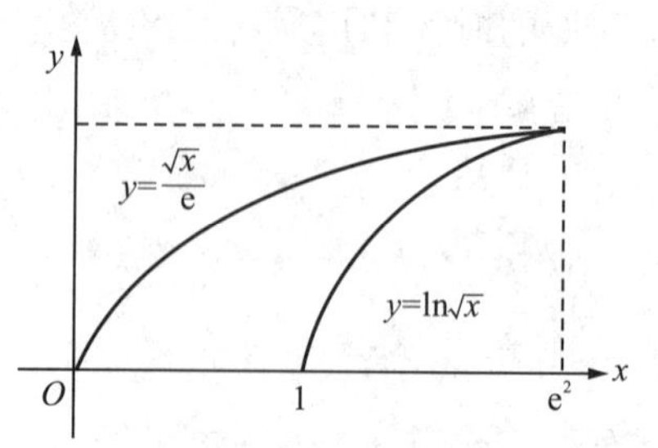

解: 先求 a 值与切点坐标.

$y_1=a\sqrt{x}$,$y'_1=\frac{a}{2\sqrt{x}}$,$y_2=\ln\sqrt{x}$,$y'_2=\frac{1}{2x}$.

由两曲线在(x_0,y_0)处有公切线得

$$\begin{cases}\frac{a}{2\sqrt{x_0}}=\frac{1}{2x_0}\\a\sqrt{x_0}=\ln\sqrt{x_0}\end{cases}$$

即$\begin{cases}x_0=e^2\\a=e^{-1}\end{cases}$

所求体积等于 $y=\dfrac{\sqrt{x}}{\mathrm{e}}, y=\ln\sqrt{x}$ 分别与 x 轴及 $x=\mathrm{e}^2$ 所围成平面图形绕 x 轴旋转而成的旋转体体积之差.

$$V=\pi\int_0^{\mathrm{e}^2}\left(\frac{1}{\mathrm{e}}\sqrt{x}\right)^2\mathrm{d}x-\pi\int_1^{\mathrm{e}^2}(\ln\sqrt{x})^2\mathrm{d}x$$

$$=\frac{\pi}{\mathrm{e}^2}\cdot\frac{1}{2}x^2\Big|_0^{\mathrm{e}^2}-\frac{\pi}{4}x\ln^2x\Big|_1^{\mathrm{e}^2}+\frac{\pi}{4}\int_1^{\mathrm{e}^2}2\ln x\,\mathrm{d}x=\frac{\pi}{2}.$$

例 4 设两点 $A(1,0,0)$ 与 $B(0,1,1)$ 的连线 $\overline{AB}$ 绕 z 轴旋转一周而成的旋转面为 S,求曲面 S 与 $z=0,z=1$ 围成的立体的体积.

分析: 截面面积已知的旋转体计算体积时先计算出截面面积的表达式.

解: $\overline{AB}$ 直线方程:$\dfrac{x-1}{-1}=\dfrac{y}{1}=\dfrac{z}{1}$ 即 $\begin{cases}x=1-t\\y=t\\z=t\end{cases}$,$\overline{AB}$ 上任意点(x,y,z)与 z 轴的距离平方为

$$x^2+y^2=(1-t)^2+t^2=z^2+(1-z)^2,$$

则 $S(z)=\pi[z^2+(1-z)^2]$,从而

$$V=\int_0^1 S(z)\mathrm{d}z=\pi\int_0^1[z^2+(1-z)^2]\mathrm{d}z=\frac{2}{3}\pi.$$

A 类题

1. 求下列各曲线所围成的图形的面积:

(1) $y=\sqrt{x}, y=1, x=4$;

(2) $y=\ln(2-x)$ 与 x 轴、y 轴所围成的图形;

(3) $\rho=2a\cos\theta$;

(4)闭曲线$(x^2+y^2)^3=a^2(x^4+y^4)$所围的图形；

(5)摆线 $x=a(t-\sin t)$，$y=a(1-\cos t)$的一拱与横轴所围成的图形.

2. 将抛物线 $y^2=4ax$ 及直线 $x=x_0(x_0>0)$所围成的图形绕 x 轴旋转,计算所得旋转体的体积.

3. 求曲线 $y=xe^{-x}(x\geqslant 0)$，$y=0$ 和 $x=a$ 所围成的图形绕 x 轴旋转所得旋转体体积.

4. 计算底面是半径为 R 的圆,而垂直于底面上一条固定直径的所有截面都是等边三角形的立体的体积.

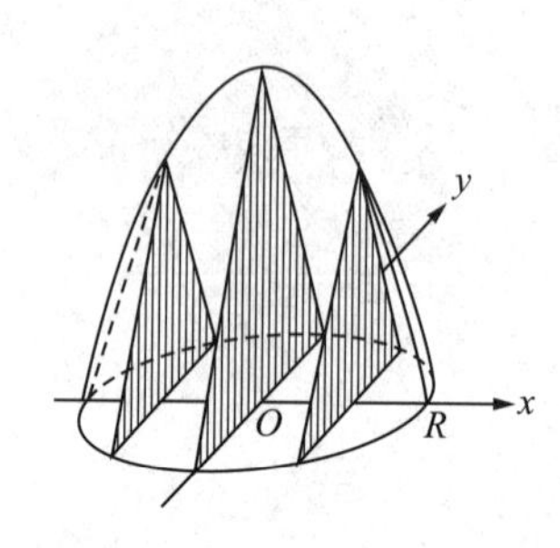

5. 计算曲线 $y^2=2px$ 自点$(0,0)$至点$\left(\dfrac{p}{2},p\right)$的一段弧长.

6. 求曲线 $x=a\cos t, y=a\sin t$ 的全长.

7. 计算对数螺线 $r=e^{a\theta}$ 自 $\theta=0$ 到 $\theta=\varphi$ 的一段弧长.

B类题

求曲线 $y=\ln x$ 在$[2,6]$内的一条切线,使得该切线与直线 $x=2, x=6$ 和曲线 $y=\ln x$ 所围成的面积最小.

参考答案

第二章　导数与微分

第一节　导数概念

A 类题

1. -20.　　**2.** 36　　**3.** $(2,4)$.　　**4.** (1) $6x^{0.6}$；(2) $-\frac{1}{3}x^{-\frac{4}{3}}$；(3) $\frac{11}{6}x^{\frac{5}{6}}$；(4) $\frac{1}{6}^{-\frac{5}{6}}$.

B 类题

1. 0.　　**2.** (1)连续且可导；(2) 连续但不可导；(3) 连续但不可导.　　**3.** 略.

第二节　函数的求导法则

A 类题

1. (1) $a^x\ln a+e^x$；(2) $2\sec^2x+\sec x\tan x$；(3) $4x+2.5x^{1.5}$；(4) $2\cos t+\sec^2 t$；

(5) $3e^x(\cos x-\sin x)$；(6) $3v^2+2v-1$；(7) $\frac{1+\sin t+\cos t}{(1+\cos t)^2}$；

(8) $\frac{-2\csc x[(1+x^2)\cot x+2x]}{(1+x^2)^2}$；

(9) $\frac{1}{2\sqrt{x}}[(\sqrt{x}-b)(\sqrt{x}-c)+(\sqrt{x}-a)(\sqrt{x}-c)+(\sqrt{x}-a)(\sqrt{x}-b)]$.

2. (1) v_0-gt；(2) $t=\frac{v_0}{g}$.　　**3.** $x+2y=0$.　　**4.** $2x-y+2=0$.

5. (1) $\frac{1}{\sqrt{a^2+x^2}}$；(2) $\sec x$；(3) $-\frac{1}{2}e^{-x/2}(\cos 3x+6\sin 3x)$；(4) $\csc x$；(5) $\frac{1}{\ln(\ln x)}\frac{1}{\ln x}\frac{1}{x}$；

(6) $n\sin^{n-1}x\cos(n+1)x$；(7) $(\frac{a}{b})^x(\frac{b}{x})^a(\frac{x}{a})^b(\ln\frac{a}{b}-\frac{a}{x}+\frac{b}{x})$.

B 类题

1. (1) $\frac{-1}{\sqrt{x-x^2}}$；(2) $\frac{e^{\arctan\sqrt{x}}}{2\sqrt{x}(1+x)}$；(3) $-\frac{1}{1+x^2}$.

2. $\frac{f(x)f'(x)+g(x)g'(x)}{\sqrt{f^2(x)+g^2(x)}}$.

3. (1) $f'[f(f(x))]\cdot f'(f(x))\cdot f'(x)$；(2) $e^{f(x)}[f(e^x)f'(x)+f'(e^x)e^x]$.

第三节　高阶导数

A 类题

1. (1) $\frac{f''(x)f(x)-[f'(x)]^2}{f^2(x)}$；(2) $\frac{6}{x}$；(3) $2^{19}+4^{20}-9\cdot 6^{19}$.

2. (1) $2^{20}e^{2x}(x^2+20x+94)$；(2) $2^{50}[(-x^2+\frac{1225}{2})\sin 2x-50x\cos 2x]$.

B 类题

(1) $2^{n-1}\sin(2x+\frac{n-1}{2}\pi)$； (2) $(x+n)e^x$； (3) $\frac{(-1)^n(n-2)!}{x^{n-1}}$，$n\geqslant 2$； (4) $\frac{(-1)^n 2\cdot n!}{(1+x)^{n+1}}$；

(5) $(-1)^n n!\left[\frac{1}{(x-2)^{n+1}}-\frac{1}{(x-1)^{n+1}}\right]$； (6) $2^{\frac{n}{2}}e^x\sin(x+\frac{n}{4}\pi)$.

第四节　隐函数及由参数方程所确定的函数的导数　相关变化率

A 类题

1. (1) $\frac{e^{x+y}-2y}{2x-e^{x+y}}$； (2) $\frac{\cos(x+y)}{1-\cos(x+y)}$.

2. (1) $\frac{e^{2s}(2-s)}{(1-te^s)^3}$； (2) $\frac{1}{e^2}$.

3. (1) $\frac{\cos t-\sin t}{\sin t+\cos t}$，$\sqrt{3}-2$； (2) $-\tan\varphi$，$\frac{1}{3a\sin\varphi\cos^4\varphi}$； (3) t，$\frac{1}{f''(t)}$.

B 类题

1. $\frac{dy}{dx}=\frac{2x-f'(x)y^2-f(y)}{2yf(x)+xf'(y)}$.　**2.** $\frac{(1-f'(y))^2-f''(y)}{x^2(1-f'(y))^3}$.

第五节　函数的微分

A 类题

1. (1) $e^x(1+x)dx$； (2) $5^{\ln\tan x}\ln 5\frac{dx}{\sin x\cos x}$； (3) $5^{5x}(5\ln x+5)dx$； (4) $f'(\ln x)\frac{dx}{x}$.

2. $\frac{y(x\ln y-y)}{x(y\ln x-x)}dx$.

第四章　不定积分

第一节　不定积分的概念与性质

A 类题

(1) $-\sqrt{3}\cos x+2\cot x+c$； (2) $-\frac{1}{2}x^2-ex+c$； (3) $x+\cos x+c$； (4) $e^x-\tan x+c$；

(5) $\frac{3^x e^x}{1+\ln 3}+c$； (6) $-\cot x-\tan x+c$； (7) $\frac{1}{2}\tan x+c$； (8) $\frac{1}{2}\tan x+\frac{1}{2}x+c$；

(9) $x^3+\arcsin x+c$； (10) $\tan x-x+c$.

B 类题

$$f(x)=\begin{cases}\frac{1}{2}x^2+a+2, & x\geqslant 0,\\ -\frac{1}{2}x^2+a+2, & x<0.\end{cases}$$

第二节　换元积分法

一、换元积分法(一)

A类题

(1) $\frac{1}{4}\frac{1}{(1-2x)^2}+c$；(2) $\frac{1}{2}(\arctan x)^2+c$；(3) $\sin e^x+c$；

(4) $\ln|\cos x|+\frac{1}{2}\frac{1}{\cos^2 x}+c$；(5) $\frac{1}{5}\cos^5 x-\frac{1}{3}\cos^3 x+c$；(6) $\frac{1}{8}x-\frac{1}{32}\sin 4x+c$；

(7) $-2\cot\sqrt{x}+c$；(8) $\arctan e^x+c$；(9) $\frac{1}{24}\ln\frac{x^6}{4+x^6}+c$；(10) $\frac{1}{2}[\ln(1+x)-\ln x]^2+c$；

(11) $\frac{1}{\sqrt{3}}\arctan\frac{\sin x-3}{\sqrt{3}}+c$；(12) $\frac{1}{2}x+\frac{1}{2}\ln|\sin x+\cos x|+c$；(13) $\ln|\ln\sin x|+c$；

(14) $\frac{1}{12}(2x+3)^{\frac{3}{2}}-\frac{1}{12}(2x-3)^{\frac{3}{2}}+c$；(15) $2\arcsin\sqrt{x}+c$；(16) $\frac{1}{8}\cot^2\frac{x}{2}+\frac{1}{4}\ln\left|\cot\frac{x}{2}\right|+c$.

B类题

(1) $\arccos\frac{1}{x}+c$；(2) $\frac{1}{2}\sqrt{x^4+1}-\frac{1}{2}\ln(1+\sqrt{x^4+1})+c$.

二、换元积分法(二)

A类题

(1) $\sqrt{x^2-9}-3\arccos\frac{3}{x}+c$；(2) $\frac{x}{\sqrt{1+x^2}}+c$；(3) $2\sqrt{e^x+1}+\ln\frac{\sqrt{e^x+1}-1}{\sqrt{e^x+1}+1}+c$；

(4) $\frac{x}{\sqrt{1-x^2}}+c$；(5) $\frac{1}{2}\arcsin x-\frac{x}{2}\sqrt{1-x^2}+c$；(6) $\frac{1}{2}ln(x+\sqrt{1-x^2})+\frac{1}{2}\arcsin x+c$.

B类题

$2\arctan\sqrt{\frac{1-x}{1+x}}-\ln\left|\frac{1+\sqrt{1-x^2}}{x}\right|+c$.

第三节　分部积分法

A类题

(1) $\frac{x^3}{3}\ln x-\frac{1}{9}x^3+c$；(2) $x\tan x+\frac{1}{2}\ln|\cos x|-\frac{1}{2}x^2+c$；(3) $-\frac{1}{2}\frac{x}{\sin^2 x}-\frac{1}{2}\tan x+c$；

(4) $2e^{\sqrt{x}}(\sqrt{x}-1)+c$；(5) $x(\ln x)^2-2x\ln x+2x+c$；(6) $\frac{x}{4\cos^4 x}-\frac{1}{4}\tan x-\frac{1}{12}\tan^3 x+c$；

(7) $x e^{\sin x}-\frac{e^{\sin x}}{\cos x}+c$；(8) $e^x\ln x+c$；(9) $\frac{1}{3}(1+x^2)^{\frac{3}{2}}-\sqrt{1+x^2}+c$；

(10) $2\sqrt{x}\arcsin\sqrt{x}+2\sqrt{1-x}+c$；(11) $-\frac{1}{x}(\ln^2 x+2\ln x+2)+c$.

第四节 几种特殊类型函数的积分

一、有理函数的积分

A 类题

(1) $\frac{x^3}{3}+\frac{x^2}{2}+\ln|x-1|+c$； (2) $2\ln|x-4|-\ln|x-3|+c$；

(3) $\frac{3}{2}\ln[(x-1)^2+4]-\ln|x-1|+\frac{1}{2}\arctan\frac{x-1}{2}+c$；

(4) $\frac{1}{3}\ln|x+1|-\frac{1}{6}\ln\left[\left(x-\frac{1}{2}\right)^2+\frac{3}{4}\right]+\frac{\sqrt{3}}{3}\arctan\frac{2x-1}{\sqrt{3}}+c$；

(5) $\frac{1}{2}\ln|x+1|-\ln|x+2|+\frac{1}{2}\ln|x+3|+c$；

(6) $\ln|x|-\frac{1}{2}\ln(x^2+1)+c$； (7) $\frac{1}{97}(1-x)^{-97}-\frac{2}{98}(1-x)^{-98}+\frac{1}{99}(1-x)^{-99}+c$；

(8) $\frac{5}{6}\ln(x^2+1)+\arctan x-\frac{5}{6}\ln(x^2+4)+c$；

(9) $\frac{1}{4}\ln|x-1|-\frac{1}{8}\ln(x^2+1)+\frac{1-x}{4(x^2+1)}-\arctan x+c$；

(10) $\frac{1}{2-x}-\arctan(x-2)+c$； (11) $\frac{x^4}{4}-\frac{1}{2}\ln(x^4+2)+c$；

(12) $\ln|x(x^2+1)|+\frac{1}{2}\arctan x-\frac{1}{2}\frac{x}{x^2+1}+c$.

二、三角函数有理式与无理函数的积分

A 类题

(1) $\ln|\tan x|+c$； (2) $\frac{1}{\cos x}+2\cos x-\frac{\cos^3 x}{3}+c$； (3) $-\cot x+2\ln|\sin x|+c$；

(4) $\ln|\csc 2x-\cot 2x|-\frac{1}{2\sin^2 x}+c$； (5) $\frac{4\sqrt{3}}{3}\arctan\frac{\tan\frac{x}{2}}{\sqrt{3}}+\ln(2+\cos x)+c$；

(6) $\frac{1}{2}(\sin x-\cos x)+\frac{\sqrt{2}}{4}\ln\left|\frac{\tan\frac{x}{2}-1-\sqrt{2}}{\tan\frac{x}{2}-1+\sqrt{2}}\right|+c$；

(7) $\frac{1}{3}\ln(2+\cos x)+\frac{1}{6}\ln|\cos x-1|-\frac{1}{2}\ln(\cos x+1)+c$；

(8) $\ln\left|\tan\frac{x}{2}+1\right|+c$； (9) $\frac{x^2}{2}-\frac{2}{3}x^{\frac{3}{2}}+x+c$； (10) $\ln\left|2x+1+2\sqrt{x^2+x}\right|+c$；

(11) $\frac{x^2}{2}-\frac{2}{3}x^{\frac{3}{2}}+x+c$； (12) $\ln\left|\frac{\sqrt{1-x}-\sqrt{1+x}}{\sqrt{1-x}+\sqrt{1+x}}\right|+2\arctan\sqrt{\frac{1-x}{1+x}}+c$；

(13) $\frac{1}{2}\ln\left|2\sqrt{x^2+x+1}+2x+1\right|+\sqrt{x^2+x+1}+c$;

(14) $-\frac{1}{2}\left(\frac{2-x}{x}\right)^{\frac{1}{2}}-\frac{1}{6}\left(\frac{2-x}{x}\right)^{\frac{3}{2}}+c$;

(15) $3\sqrt[3]{1+x}-3\ln(1+\sqrt[3]{1+x})+6\arctan\sqrt[6]{1+x}+c$.

第六章　定积分的应用

定积分的元素法及定积分在几何上的应用

A 类题

1. (1) $\frac{5}{3}$;　(2) $-1+2\ln 2$;　(3) πa^2;　(4) $\frac{4}{3}\pi a^2$;　(5) $3\pi a^2$.

2. $2\pi a x_0^2$.　**3.** $-\frac{1}{2}\pi\left[\left(a^2+a+\frac{1}{2}\right)e^{-2a}-\frac{1}{2}\right]$.

4. $\frac{4\sqrt{3}}{3}R^3$.　**5.** $\frac{|p|}{2}\left[\sqrt{2}+\ln(1+\sqrt{2})\right]$.　**6.** $2\pi|a|$.　**7.** $\frac{\sqrt{1+a^2}}{a}(e^{a\varphi}-1)$.

B 类题

$y=\frac{1}{4}x+2\ln 2-1$.